数字媒体艺术与技术丛书

U0181172

虚拟现实（VR）影像拍摄与制作

田 丰 华旻磊 著

上海科学技术出版社

图书在版编目（CIP）数据

虚拟现实（VR）影像拍摄与制作 / 田丰，华旻磊著
. -- 上海 ：上海科学技术出版社，2020.4（2024.1重印）
（数字媒体艺术与技术丛书）
ISBN 978-7-5478-4785-5

Ⅰ．①虚… Ⅱ．①田… ②华… Ⅲ．①虚拟现实－应
用－数字控制摄像机－拍摄技术②图像处理软件 Ⅳ.
①TN948.41②TP391.413

中国版本图书馆CIP数据核字(2020)第060822号

虚拟现实（VR）影像拍摄与制作

田　丰　华旻磊　著

上海世纪出版（集团）有限公司
上海 科 学 技 术 出 版 社　出版、发行
（上海市闵行区号景路 159 弄 A 座 9F-10F）
邮政编码 201101　　www.sstp.cn
上海锦佳印刷有限公司印刷
开本 787×1092　1/16　印张 14.5
字数 320千字
2020年4月第1版　2024年1月第2次印刷
ISBN 978-7-5478-4785-5 / TP·66
定价：68.00元

内 容 提 要

　　本书以对虚拟现实（VR）的制作技术感兴趣人员为对象，力求做到概念精准、语言通俗、案例丰富。在内容的编排上，分为VR影像概论、VR影像前期拍摄、VR影像后期编辑、VR影像特效制作与VR影像监看与合成等5个章节。

　　本书可作为专业院校数字媒体技术专业课程的教材，也可作为VR影像制作及开发培训班的培训教材，还可以作为VR影视相关从业人员、自学人员的参考用书。书中所有VR拍摄素材均为编著团队实地拍摄所得，其中第5章使用的VR影像"预览和监看系统"为编著团队研发而成的平台，是非常难得而又重要的资料。

前 言 PREFACE

近年来，有关虚拟现实（Virtual Reality, VR）的探讨与实践越来越多，一场新的技术革命已经到来。VR影像领域包括了成像技术、材料技术、软件技术和设计艺术，随着相关技术的发展，其视觉表现和效果将不断完善和进步。VR应用可分为交互式和非交互式两种，近年来交互式应用已被广泛应用在军事、医疗、教育、工业、文化等行业。而随着5G的到来，作为非交互式的VR影像内容应用也可能出现快速增长。现阶段，VR影像制作的相关技术资料并不多，本书可作为数字媒体技术专业本科生、数字媒体创意工程专业研究生，以及VR影像前期拍摄、后期制作等专业人员的学习参考用书。

本书是数字媒体艺术与技术丛书中的一个单元。从基础的VR影像知识讲起，解释每个步骤的原理和过程。在讲解每个知识点及每一步操作细节时，结合了大量精心挑选的作品案例，使抽象的理论能迅速为读者理解、掌握。读者通过跟随学习，可快速掌握VR影像制作的全流程，包括前期拍摄、后期剪辑、特效、合成开发。

本书由田丰、华旻磊著，张文睿校对，宋莹、金勇外景拍摄与支持，陈虹伊完成了第2章和第4章内容的编写工作，参与本书影像内容拍摄、制作、相关软件开发等工作的还有许昊骏、陈琛、侯晓菲、张焱、张婷婷、戴帅凡、刘强、朱蕴文等。

本书受2019年度上海大学上海电影学院电影高峰学科项目和地方高水平大学建设项目资助。本书在编著过程中得到了许多老师的帮助，上海大学丁友东教授始终给予热情的关心、支持并提出了很多宝贵建议，强氧科技创新信息技术有限公司众多工程师在技术上给予了服务和支持，在此一并表示感谢。由于知识的庞杂，以及作者水平有限，书中难免存在错误和疏漏，欢迎读者批评指正，提出宝贵的建议。

编 者

2019 年 12 月

目 录 CONTENTS

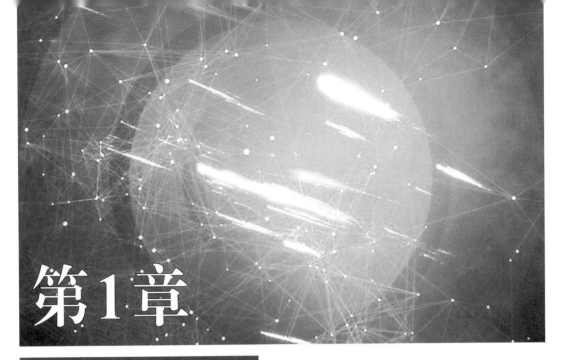

第1章

VR影像概论

VR是近年来迅速发展的热点技术，同时电影行业也掀起了VR影像的浪潮。VR技术通过计算机仿真，建立一个沉浸式三维空间虚拟场景，通过VR设备将这个场景以360°全景的方式展现在用户面前，并模拟人的听觉、触觉等，带给用户身临其境的感受[1]。

VR影像建构了一套具有互动性、融入性的视听接收系统，改变了观众的观看方式，同时也解放了影像作品的控制权，突破了疆域化的视觉限制，产生了别样的美学效果，电影美学观念也开始从观看转变为参与体验[2-4]。

目前，VR已在各行业获得了初步应用[5-6]。在VR迅速发展的背景下，传统的影像游戏行业也开始将沉浸式VR技术应用其中。在众多影像游戏领域中，沉浸式VR已经成为大众关注的热点。不管是VR电影节、游戏发布会等大型活动，还是游戏开发商、游戏玩家等，人们纷纷加入VR的浪潮中[7-9]。近年来，VR技术获得了突破性发展[10-11]。

1.1　VR技术的概念和组成

VR技术是一种可以创建和体验虚拟世界的计算机仿真系统。它利用计算机生成一种模拟环境，使用户沉浸在该环境中。沉浸式的VR技术能够使用户实际参与到由计算机创造的虚拟世界中去，通过使用交互设备让人们体验身临其境的效果。

典型的 VR 系统主要由计算机软、硬件系统（包括 VR 软件和 VR 环境数据库）和 VR
输入、输出设备等组成。

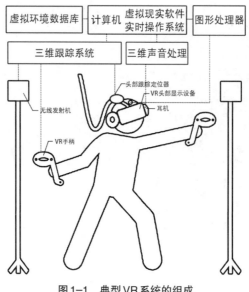

图 1-1　典型 VR 系统的组成

1.2　VR 影像的发展历程

"虚拟现实"这一术语最早出现于法国剧作家、导演、演员安托南·阿尔托于 1938
年发表的著作《戏剧及其重影》中[12]。不过在 1935 年，美国科幻小说家斯坦利·魏因
鲍姆在他的小说《皮格马利翁的眼镜》中，首先描述了"虚拟现实"的概念。小说中的人
物阿尔贝特·路德维希借助他发明的眼镜，能够进入虚拟的场景中，看到、听到、尝到、
闻到和触摸到各种东西。通常认为，这篇小说是对"沉浸式体验"的最初描写，而这一神
奇的"眼镜"，实际上指明了 VR 装置的发展方向并沿用至今。

"VR 电影"也并不是一个新鲜的说法，其实早在 2012 年美国圣丹斯电影节就出现了
和 VR 相关的电影，该电影形式可以完全让观众通过不同的视角，以游戏化的方式感受到
故事的不同发展和结局[13]。

1.3　VR 系统的分类

1.3.1　桌面式 VR 系统

桌面式 VR 系统使用个人计算机和低级工作站来产生三维空间的交互场景。用户会受

到周围现实环境的干扰而不能获得完全的沉浸感，但由于其成本相对较低，桌面式 VR 系统仍然比较普及[14]。

图 1-2　桌面式 VR 系统

1.3.2　沉浸式 VR 系统

沉浸式 VR 系统利用头盔显示器、洞穴式显示设备和数据手套等交互设备把用户的视觉、听觉和其他感觉封闭起来，而使用户真正成为 VR 系统内部的一个参与者，产生一种身临其境、全心投入并沉浸其中的体验。与桌面式 VR 系统相比，沉浸式 VR 系统的主要特点在于高度的实时性和沉浸感[14]。

图 1-3　沉浸式 VR 系统

1.3.3　增强式 VR 系统

增强式 VR 系统允许用户对现实世界进行观察的同时，将虚拟图像叠加在真实物理对象之上。为用户提供与所看到的真实环境有关的、存储在计算机中的信息，从而增强用户对真实环境的感受，又被称为叠加式或补充现实式 VR 系统。它可以使用光学技术或视频技术实现[14]。

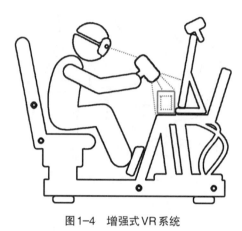

图1-4　增强式 VR 系统

1.3.4　分布式 VR 系统

分布式 VR 系统指基于网络构建的虚拟环境，将位于不同物理位置的多个用户或多个虚拟环境通过网络相连接并共享信息，从而使用户的协同工作达到一个更高的境界。主要应用于远程虚拟会议、虚拟医学会诊、多人网络游戏、虚拟战争演习等领域[14]。

图1-5　分布式 VR 系统

1.4　VR 影像的特性

VR 电影由于视角的缘故，在镜头语言、拍摄、后期等几乎所有方面都与传统电影存在较大差异。VR全景视频的出现，打破了蒙太奇这种艺术手法所构成的现代电影叙事模式，在观众自主选择视觉关注点的情况下，VR全景视频的剪辑方式是从业者新的探索方向[15]。VR全景视频的剪辑以对观众的视觉引导为根本原则，重视镜头间流畅、自然的转换，相比传统电影剪辑增添了感知性与交互性，减少了景别变化与镜头转化，使观众的视角处于剧场中心位置。

VR全景视频不仅在视觉技术上完成了一次飞跃，而且在声音处理上对全行业提出了新的要求，全景声场的实现成为当前VR语境下的热门议题。VR全景视频中的声音主要起到空间定位的作用，声音的精准空间定位是实现VR全景视频沉浸式体验的重要因素，它为观众营造了声像对位的身临其境之感。但巨大的信号传输、处理与计算，对当下的VR全景视频声音制作提出了巨大挑战[16]。

美国科学家伯迪和考菲特提出了VR技术的三角形特征，即"3I"特征：交互性（Interactivity）、沉浸感（Immersion）和想象力（Imagination）。

1.4.1　交互性

交互性指用户对虚拟环境中对象的可操作程度和从虚拟环境中得到反馈的自然程度（包括实时性）。它主要借助于各种专用设备（如头盔显示器、数据手套等）产生，从而使用户以自然方式如手势、体势、语言等，如同在真实世界中一样操作虚拟环境中的对象[17]。

1.4.2　沉浸感

沉浸感又称临场感，指用户感到自己作为主角存在于虚拟环境中的真实程度，是VR技术最主要的特征。影响沉浸感的主要因素包括多感知性、自主性、三维图像中的深度信息、画面的视野、实现跟踪的时间或空间响应及交互设备的约束程度等[17]。

1.4.3　想象力

想象力指用户在虚拟世界中根据所获取的多种信息和自身在系统中的行为，通过逻辑判断、推理和联想等思维过程，随着系统的运行状态变化而对其未来进展进行想象的能力。对适当的应用对象加上虚拟现实的创意和想象力，可以大幅度提高生产效率、减轻劳动强度、提高产品开发质量[17]。

1.5 VR技术在电影领域应用现状

近年来，VR技术深受影像创作者的青睐。威尼斯国际电影节、戛纳国际电影节、翠贝卡电影节和圣丹斯电影节都相继设置了VR作品单元。VR在影像领域中的应用为人们探索自由视点的共情效应，尝试全新的视觉效果和叙事手法提供了一条新的途径[17]。

1.5.1 VR电影

2015年，Oculus公司发布了其第一部VR电影《Lost》，影片讲述了机器手臂寻找自己身体的故事。该公司制作的另一部VR动画短片《Henry》获得了美国艾美奖，短片采用中心叙事，以聚光灯式的引导方式始终将观众的兴趣点置于导演设计的主线上。此外，Oculus公司在2017年初又推出了影片《Dear Angelica》，风格与前两部截然不同[18]。

Google公司在2016年推出真人VR全景短片《HELP》，影片具有影院级的拍摄质量，虽然观众只能站在原地，但是可以360°随意旋转改变观看视角。此外，2017年初又推出了另一部VR动画短片《Pearl》，将观众的视角固定在副驾驶旁边的位置，依靠车的行进和路边风景的变换来体现流动感。画风方面采用了简化的方式，以保证影片可以同时在手机和VR头盔上显示[18]。

Felix & Paul Studio的VR影像作品主要有《Inside the Box of Kurios》《LeBron James》和《Nomads》等，其中《Inside the Box of Kurios》获得2016年艾美最佳交互视频奖，观众能站在中央舞台欣赏表演。这是一种VR与戏剧艺术结合的影像模式，它变革了戏剧传统的空间概念，也会对未来的戏剧艺术产生影响。近年来，国内也有一些VR影片出现，例如追光动画于2015年推出的动画短片《再见，表情》[18]。

1.5.2 VR宣传片

电影宣传片是一部电影的精华，通过宣传片观众可以提前看到电影的精彩部分，增加观众对电影的兴趣，以得到更高的票房。而将VR用于一部电影的宣传片可以极大地增加观众多感官的刺激，例如国内首部VR交互体验宣传片《诛仙青云志》，观众可以和剧中的演员进行简单互动，其交互级属于简单剧情交互[18]。

1.5.3　VR纪录片

虽然传统纪录片在拍摄过程中努力秉承纪实语态，但是也不免夹杂导演自身的主观意念，从而影响了纪录片的叙述方向。VR技术创造出来的虚拟世界能够向观众全方位展现更为拟真的场景，给传统纪录片的拍摄提供了新的思路和方法。目前，VR纪录片的交互级叙事一般为全景叙事，还有一些简单叙事[18]。

2012年，圣丹斯电影节上展示了一部VR纪录片《饥饿的洛杉矶》，影片基于真实故事，通过游戏引擎创建虚拟环境，真实还原了原始场景。观众作为一个饥饿者进入救济队列，目睹一名过度饥饿的男子昏倒在地，场面十分震撼。这也让纪录片创作者看到将VR应用于纪录片的巨大潜力。《纽约时报》是将VR引入新闻界的先驱者，2015年发布了其第一部VR纪录片《The Displaced》。影片将观众置于饱受战乱摧残的地方，目睹居民流离失所的生活，采用多感官刺激的方法来增加观众的临场感。2015年9月，中国首部VR纪录片《山村里的幼儿园》发布。影片采用长镜头的方式记录了留守儿童的日常生活，这种单镜头时间的延长让观众有了思考和酝酿情感的空间。该片旨在通过VR的沉浸式体验，更大限度地唤起人们的爱心和同情心[18]。

VR交互影像则是融合了影像表现效果和游戏自由度的新影像表现形式。交互影像和游戏按交互等级可以分为全景交互、剧情交互和完全交互。全景交互是指参与者可以360°转换视角来观察虚拟环境，所有的VR影像都有这个特征。剧情交互是指参与者不仅与虚拟环境发生全景交互，还可以参与剧情的发展，引起剧情的变化。按剧情交互的程度又可以分为简单剧情交互和大量剧情交互。全景交互是指参与者作为故事的掌控者，能够决定故事的发展和结局[18]。

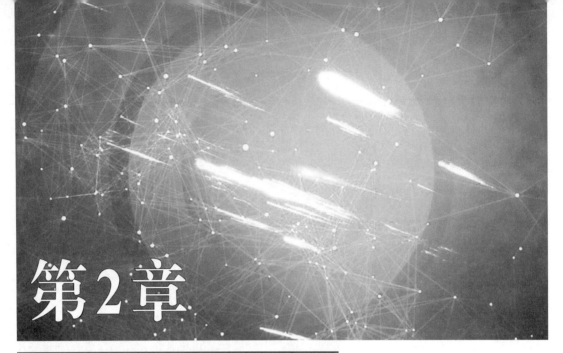

第2章

VR影像前期拍摄

VR影像的拍摄注重艺术性和观赏性，呈现的场景需要符合审美、科学的视觉化布景，所以VR的拍摄技巧显得尤为重要。普通摄影机不支持全景拍摄，而VR专用摄影机的拍摄方式与传统影像拍摄方法大相径庭。本章将介绍VR影像前期拍摄的流程和拍摄设备。

2.1 VR影像拍摄理论基础

VR拍摄又称全景拍摄，是指利用VR专业摄影机将现场环境真实地记录下来，再通过计算机进行后期处理，以实现三维的空间展示，观众需佩戴VR头盔观看[19]。与普通视频拍摄不同，VR视频为360°全方位拍摄，所以需要一台支持多方向拍摄的全景摄影机。全景视频拍摄设备的取景范围为水平方向360°，垂直方向180°[20]。

传统影像会先构建人物关系、故事情节，而在VR影像中，是基于场景来构建人物以及故事。相信你有过这样的体验，进入VR场景的第一时间，你会扭头把整个空间看一遍，此时潜意识已经在思考：我是谁？我在哪里？我为什么在这？前期把这些问题想明白，就越容易知道在哪里立起摄影机，越容易猜对观众会在你创造的梦境中看哪里[21]。

除了拍摄思维上要有所转变之外，跟传统影像一样，拍摄前也要有一系列准备，包括VR脚本（常见的VR故事板包括：场景文字描述、镜头时长、物镜距、附加说明）、场景串联（可以画出串联图，镜头特性示意图）、踩点（可以先去现场测试机位，获得素材后缝合出全景图查看，尽管这样会花费更多成本，但为实际拍摄提供了很好的准备）、灯光（环境光够不够，不够怎么补，怎么把光源巧妙置入场景里）、全景采集器（充分利用现有资源，有相机阵列就用相机阵列，有一体机就用一体机）、三脚架（占地小且牢固）、滑轨（滑轨补地）等。有演员的话，演员走位预设也要提前做好，演员既不能在盲区，也不能太远，否则会失去叙事和表现的功能。

对VR视角的讨论一直有很多，严格意义上来说，VR只有第一人称视角。按角色划分的话其实可以分为旁观者、参与者和角色化身。对大多数VR影像来说，应该优先尝试"第一人称视角"，因为它有更窄的视域和焦点，观众的视线更容易被导演引导，导演的主线剧情更容易展开。以情节为中心的叙事方式更多侧重于情境和环境创造，较高的自由性和互动性使观众在构建的故事世界中居于中心地位，适合采用第一人称视角。而以角色为中心的叙事方式，需要传递角色本身的行为、反应和习惯，应采用第二人称视角，既可提供主角与观众之间的互动，又能保证叙事正常的进展。当然，最好的视角是用户的视角可以在不同角色之间转换，想体验谁就体验谁（根据自己的年龄、身份、情感经历、生活经历选择与自己相似的角色进行互动），也可以选择回到上帝视角（第三人称）来观察整个场景，但目前要做到这些还比较困难[21]。

对VR视频来说，基本准则是把控观众的注意力方向而非把控单个画面。所以，通过视线引导的方式是让影像人间接恢复"导演"身份的方式之一。可以通过叙事技巧来引导观众视线，因为人们不会总是回头看背后的东西，所以要让主线更精彩突出，保持观众的注意力在主线上，同时让整个世界正常运转，烘托气氛。重要情节一定要让观众知道，次要情节点可以在不同方向发生，以不同角色引导开。其次是局部动作引导，比如手指动作、物体运动（导游角色，纵向运动能抓住观众注意力，横向移动可以引导观众视线）、声音（立体声技术）、色彩（对比色、明亮色、艳色也能抓住人的注意力）、灯光（观众会本能地看向有灯光的位置，避开黑暗的位置，有灯光位置信息更多，也是一个非常好的引导工具），或者设置可视范围（跟灯光同理，相当于头盔里面的视角，把观众需要注意的地方限制死）。需要注意的是，以上提到的多数要综合运用才能最大可能性让观众看到想让他们看的东西。另外，也可使用复合调度技巧，基于主镜头、结合最优区域的T形复合调度。主镜头调动观众视线、主导画面中的人物走向、控制全景画面的基础气氛。在主镜头的视场扇形范围内将重要的表现内容设置进来，近场设置纵向调度，最优区域设置横向调度，并将两者灵活结合，将全景空间的深度和广度充分利用，使时空关系明确且统一起来。此外，人物、物体的安排也能带动视觉焦点：① 距离镜头越近越突出；② 高度的利用（台阶、土坡、宝座等）；③ 演员的正面比侧面更突出；④ 空间的利用（如火车站，站在人少的地方会有意突出）；⑤ 利用人物的视线带动观众，突出焦点[22]。

把VR摄影机想象成一名观众，这就需要考虑该把"观众"放在什么位置。决定摄影机机位的是构图、角度、人物关系（根据主次关系），也要根据观众走位和事件发生的位置来决定机位。同时，机位高低也能引导观众视线：高机位，观众会俯瞰；低机位，观众会仰视。机位不能太高，观众向下看时不能感觉离地太远。使用固定镜头，而不是让观众被动地接受位移，因为如果视点动而人的身体不动，会产生不适感。尽量少使用运动镜头，且运动速率要慢（不超过成人慢跑速度）。VR摄影机的移动是一种场景漫游的手段，而不是镜头语言表达的手段。所以，VR运动镜头的使用原则是：让观众的身体的感受和视听经验最大限度地一致。VR影像的"推、拉、摇、移"应该由观众主观意愿完成，不应该由前期拍摄者强制。适当地"推、拉、移"是可以的，但"摇"要交给观众完成。观众移动的过程中要有参照物，比如跟随一个人行走，这样不会有不适感。在VR中，如果要移动镜头，就要给观众一个移动的理由，比如安排一个角色来引导观众。画面主体尽量不要在画面两端（头要转180°），不能让观众因为寻找主体而大幅转动头部。VR叙事并不必强行把360°全用上，使用合适的偏转范围即可。景别是由被摄主体的走位决定的。如果以"第一人称"视角拍摄，则要考虑人际心理学。人与人谈话的舒适距离是1米（在VR眼镜中是中近景），这时可以清晰看到对方的表情和情绪。向摄影机走来的动作代表了强悍和亲近，如果是正派，则代表了友善、亲切，如果是反派，则代表了侵略、敌意。这种"凑进"的方法也可以用来呈现特写，但时间不宜过长[23]。

因拍摄VR的硬件条件限制，目前传统影像中的蒙太奇语言在VR影像中无法起作用，而且VR的360°全景再现，让观众进入影像中，消除了镜头的主观性。这点恰恰与纪录片的特性相符合，所以目前实景VR最具价值的拍摄方向是纪录片。由于观众是在探索世界中体验故事而非直接跟随镜头观看故事，线性叙事的速度必须要兼顾非线性探索的节奏。互动性是VR的"3I"特性之一，虽然现在VR还不能做到多感官互动，但与观众的简单互动是可以做到的，需要花点心思去设计。VR实景拍摄还处于探索阶段，没有技术标准，目前的VR影像尚处于"可观看"状态，距离完全满意的观看要求还有很长一段路要走。实现这一目标需要所有从业者共同探索，需要热心机构总结出初步的行业规范，需要广大观众给出观看体验反馈，VR影像行业才能稳步向前发展[23]。

2.2　VR拍摄相关硬件

图2-1是NextVR在2014年推出的世界上首款 VR 3D 数字电影摄影机系统，配备6个摄像头。随着VR设备的市场化，现在有很多公司推出了大众消费级别的VR相机，简单易用、价格合适，使得广大兴趣爱好者也能体验VR视频的拍摄，比如Bubl技术公司推出的一款可以拍摄360°VR视频的相机——Bublcam。它可以实现720°无死角的高清拍照和高清视频录制，并内置Wi-Fi，可以连接到智能手机和电脑上，并使用应用程序来拍摄照片、视频甚至是流媒体直播。Bubl的目标是提供一个可以连接所有设备的平台，让受众

图2-1　VR 3D 数字电影摄影机系统

可以每天使用。电脑、平板和手机将能够看到任何方向的画面，从而带来身临其境的体验，让观众感到真实地处于视频中的场景里[24]。

如图2-2所示，三星Gear 360是一款VR相机，配备2个180°的鱼眼镜头，分辨率达3 840×1 920像素，可以拍摄360°全景照片。这样可以降低VR内容的门槛，普通用户能够使用Gear 360创作VR作品。球体宽度约60 mm（加上镜头2边凸起部分为66.7 mm），高度约56.2 mm，重量约153g（包含电池）。外壳无缝连接，防尘防水等级达到了IP53。电池1 350 mAH，屏幕尺寸0.5英寸，安装POLED显示屏，屏幕分辨率72×32像素（158 ppi），前置摄像头1 500万像素，后置1 500万像素，运行

图2-2　三星Gear 360摄影机

内存1 024 MB，可以安装microSD可移除存储卡，支持NFC和蓝牙4.1[25]。

另一个处理方案是买6～12个GoPro，再用一个连接器接在一起拍摄。但是拍摄的时候如果要录声音，还需要做打板工作，这样才能在后期剪辑中使得声音和画面同步，因为拍摄时无法保证每个GoPro同时开始录像，拍摄结束后获得的素材也是从每一个GoPro中读取出的、分开来的视频[26]。

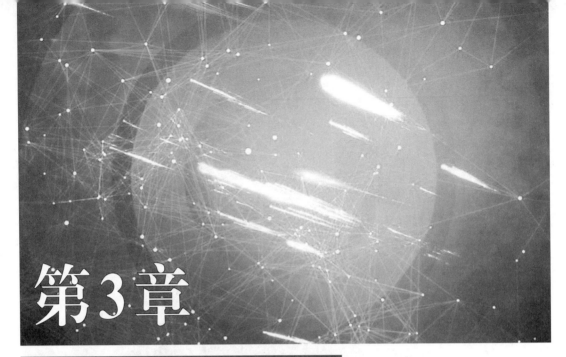

第3章

VR影像后期编辑

　　VR影像后期编辑，是指通过声、画、形来表现故事情节的方法，以视觉传达理论为基础，对前期拍摄完的VR素材使用影像编辑设备和非线性编辑软件，实现VR影像的编辑。本章将从VR影像编辑理论基础、编辑软件介绍、项目管理与基本操作、镜头组接技术与技巧、VR影像字幕制作五个方面介绍VR影像后期编辑的过程。

3.1　VR影像编辑理论基础

　　影像编辑是影像制作的一个环节，根据影像节目的要求，选择需要的镜头素材，确定最佳的剪辑点，对素材进行整合、排列。影像制作是一个由策划、编写剧本、拍摄等多环节构成的综合过程，后期编辑是以上环节的延续和最后完成。影像后期编辑是烦琐而又细致的、富有创造性的工作。一部成功的片子，在组接前，面对的是大量零碎的素材片段，只有给予它们艺术与技术的巧妙结合，才能清晰准确表达出影片的叙事情节，产生激动人心的效果[28]。

　　VR影像作为新型视频载体，人们想亲手完成属于自己的VR影像作品，并受到越来越多人的关注。在学习VR影像的后期编辑之前，首先要认知、了解以下基础知识。

3.1.1 线性编辑与非线性编辑

线性编辑指的是一种需要按时间顺序从头至尾进行编辑的节目制作方式，它所依托的是以一维时间轴为基础的线性记录载体，如磁带编辑系统。素材在磁带上按时间顺序排列，这种编辑方式要求编辑人员首先编辑素材的第一个镜头，结尾的镜头最后编，它意味着编辑人员必须对一系列镜头的组接做出确切的判断，事先做好构思，因为一旦编辑完成，就不能轻易改变这些镜头的组接顺序。因为任何改动都会直接影响记录在磁带上的信号的真实地址的重新安排，从改动点以后直至结尾的所有部分都将受到影响，需要重新编一次或者进行复制[28]。

非线性编辑是借助计算机来进行数字化制作，几乎所有的工作都在计算机里完成，不再需要那么多外部设备，对素材的调用也是瞬间实现，不用反反复复在磁带上寻找，突破单一的时间顺序编辑限制，可以按各种顺序排列，具有快捷、简便、随机的特性。非线性编辑只要上传一次就可以多次编辑，信号质量始终不会变低，所以节省了设备、人力，提高了效率。非线性编辑需要专用的编辑软件、硬件，现在绝大多数的电视、电影制作机构都采用了非线性编辑系统。我们使用的Premiere、Edius、Vegas、会声会影等都是非线性视频编辑软件[28]。

3.1.2 视频制式概述

视频制式是传输电视信号所采用的标准。全世界通用的彩色广播电视制式主要有：NTSC制、PAL制和SECAM制，它们均是兼容性良好的同时制彩色电视。不同电视制式，它们的区别就在于编码和解码的方式不同[28]。

3.1.3 隔行扫描和逐行扫描

隔行扫描方式源于早期的模拟电视广播技术，这种技术需要对图像进行快速扫描，以便最大限度地降低视觉上的闪烁感，但是当时可以运用的技术并不能以如此之快的速度对整个屏幕进行刷新。于是，将每帧图像进行"交错"排列或分为两场，一个由奇数扫描线构成，而另一个由偶数扫描线构成。隔行扫描是一种减小数据量保证帧率的压缩方法。逐行扫描（也称为非交错扫描）是一种对位图图像进行编码的方法，通过扫描显示每行或每行像素。逐行扫描下，整幅图像将从上到下依次刷新，其扫描速率约为相应隔行系统的2倍[28]。

3.1.4 分辨率

电视的清晰度就是分辨率。分辨率是指图像单位面积像素的多少，分辨率越高，图像越清晰。在本书中，用到的VR影像素材的分辨率为 4 096 × 2 048 [28]。

3.1.5 帧速率

帧是影片中的一幅图像，一帧即为一副静态图像的画面。帧速率也称FPS（Frame Per Second），是指视频画面每秒传输帧数。帧的速率越高，视频的效果则越流畅 [28]。在本书中，VR影像素材的帧速率为30FPS。

3.1.6 时码

确定素材长度及每幅画面的位置，以便在播放和编辑时对其进行定位，这就是时码 [28]。在视频编辑软件中，我们经常会看到时码，它的表示方法是"小时、分、秒、帧"。

3.1.7 蒙太奇的镜头组接

影像的基本元素是镜头，而连接镜头构成一个完整的影像作品的主要方式就是蒙太奇。蒙太奇是法语montage的译音，原是法语建筑学上的一个术语，意为构成和装配。蒙太奇应用在电影上是指剪辑和组合，表示镜头的连接。

在VR影像后期编辑中，我们需要根据创作构思，将影像所要表现的内容和观众的心理依次分解为若干个章节、不同的镜头，分别进行构思与组接。然后，根据原定的创作思想，运用艺术技巧将这些分切的镜头、章节合乎逻辑地连接起来，从而构成一个连续不断的、有机的整体 [28]。

在后期制作中运用蒙太奇的艺术手法有机地将素材组合起来，使之产生连贯、对比、联想、衬托、呼应、悬念等效果，以及快慢不同的节奏，从而有选择地组成一部反映一定的社会生活和思想感情、为广大观众所理解和接受的影像作品。运用蒙太奇手法，可以使素材的衔接产生新意，丰富VR影像艺术的表现力，增强VR影像作品的感染力 [28]。

3.2　VR影像编辑软件

在视频剪辑制作领域，行业内最广为使用的是美国Adobe公司的Premiere。Premiere是一款编辑画面质量较好的软件，有很好的兼容性，且可以与Adobe公司推出的其他软件相互协作。但是市面上很少有公司制作全景视频插件，大多数VR后期制作都不得不使用Skybox来进行变形工作。而Adobe Premiere Pro CC 2018，在原有的基础上支持VR全景视频剪辑和制作，极大方便了VR视频制作，且版本内置的全景效果和转场包含了很多新功能，尤其是新增了"沉浸式视频"专用的视频效果和过渡工具，可以方便地使用特效工具进行VR影像的剪辑与制作。在编辑全景VR内容时，可为视频和音频提供完整的、身临其境的端到端编辑体验，还可以使用头戴式显示器体验身临其境的VR编辑。我们几乎可以在Premiere Pro CC 2018中完成所有全景视频的工作[29]。

Premiere是视频非线性编辑软件，是为视频编辑爱好者和相关专业人士准备的编辑工具，可以支持当前所有标清和高清格式视频的实时编辑。它提供了采集、剪辑、调色、美化音频、字幕添加、输出等一整套流程。目前，这款软件广泛应用于影像编辑、广告制作和电视节目的制作中[29]。

3.2.1　Premiere Pro CC工作界面介绍[30]

Premiere Pro CC是具有交互式界面的软件，其工作界面有多个工作组件。用户可以方便地通过菜单和面板相互配合使用，直观地完成视频编辑。

Premiere Pro CC工作界面中的面板不仅可以随意控制关闭和开启，而且还能任意组合和拆分，用户可以根据自身的习惯来定制工作界面。

1."项目"面板

"项目"面板一般用来储存"时间线"窗口编辑合成的原始VR素材。在"项目"面板的当前页的标签上显示了项目名。"项目"面板分为上下两个部分：下半部分显示的是原始的素材条，选中素材条，在窗口的上半部分则会显示选中素材的基本信息，包括：该VR影像素材的分辨率、持续时间、帧率、声道、音频采样频率等。同时，在上半部分还可以显示当前所在文件夹的位置和该文件夹中所有素材的数目。如果该素材是视频素材或音频素材，还可以单击播放按钮进行预览播放，如图3-1所示。

在"项目"面板的左下方，有一组工具按钮，各按钮含义如下。

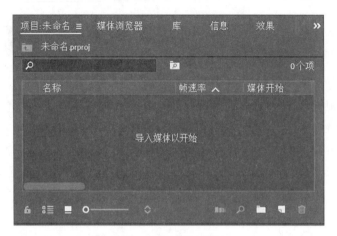

图3-1 "项目"面板

列表视图 ：该按钮是控制原始VR素材的显示方式的。如果单击该按钮，那么"项目"面板中的素材将以列表的方式显示出来，这种方式显示该素材的名称、标题、视频入点等参数。在该显示方式下，可以单击相应的属性栏。

图标视图 ：该按钮可以控制素材的显示方式，在这种显示方式下，原始素材以图标的方式显示。在图标下面，有该素材的名称和持续时间。

自动匹配到序列 ：该按钮用于把选定的素材按照特定的方式加入当前选定的"时间线"面板中。单击该按钮，将会出现对话框，用于设置插入的方式。

查找 ：该按钮用于按照"名称""标签""注释""标记"或"出入点"等在"项目"面板中定位素材，就如同在 Windows 的文件系统中搜索文件一样。单击该按钮可打开对话框，如图3-2所示。

图3-2 "查找"对话框

其中，"列"用于选择查找的关键字段，可以是"名称""标签""媒体类型""视频入点"等，其下拉菜单如图3-3所示。

"运算符"用于选择操作符，可以是"包含"等。其下拉菜单如图3-4所示。

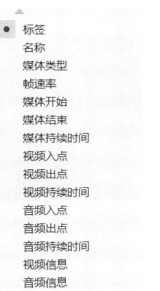

图3-3　"列"下拉菜单　　　图3-4　"运算符"下拉菜单

"查找目标"用于输入关键字。

"匹配"用于选择逻辑关系，可以是"全部"。

"区分大小写"用于选择是否和大小写相关。

在这些项目都选择或者填写完毕后，单击"查找"按钮就可以进行定位。

新建素材箱：该按钮用于在当前素材管理路径下存放素材的文件夹，可以手动输入文件夹的名称。

新建项：该按钮用于在当前文件夹创建一个新的序列、脱机文件、字幕、标准彩色条、视频黑场、彩色场、通用倒计时片头。在该菜单中选择新建的项目即可。

清除：该按钮用于将素材从"项目"面板中清除。

2."监视器"面板

在监视器面板中，可以进行素材的精细调整，如进行色彩校正和剪辑素材。默认的监视器面板由两个面板组成，左边是"素材源"面板，用于播放原始素材；右边是"节目"面板，对"时间线"面板中的不同序列内容进行编辑和浏览。在"素材源"面板中，素材的名称显示在左上方的标签页上，单击该标签页的下拉按钮，可以显示当前已经加载的所有素材，可以从中选择素材在"素材源"面板中进行预览和编辑。在"素材源"面板和"节目"面板的下方，都有一系列按钮，两个面板中的这些按钮基本相同，它们用于控制面板的显示，并完成预览和剪辑的功能。

"监视器"面板如图3-5所示。

图3-5 "监视器"面板

单击"素材源"面板右上方的下拉按钮，可以出现一个菜单，如图3-6所示。该菜单综合了对源素材窗口的大多数操作。单击"节目"面板右上方的三角形按钮 ，也可以出现一个菜单，它们的功能基本是相同的。

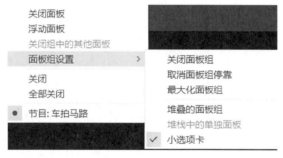

图3-6 操作菜单

"素材源"面板在同一时刻只能显示一个单独的素材，如果将"项目"面板中的全部或部分素材都加入其中，可以在"项目"面板中选中这些素材，直接使用鼠标拖动到"素材源"面板中即可。在"素材源"面板的标题栏上单击下拉按钮，可以选择需要显示的素材。

"节目"面板每次只能显示一个单独序列的节目内容，如果要切换显示的内容，可以在节目面板的左上方标签页中选择所需要显示内容的序列。在"监视器"面板中，"素材源"面板和"节目"面板都有相应的控制工具按钮，而且两个面板的按钮基本类似，都可进行预览、剪辑等操作。

面板左下方的数字表示当前编辑线所在的时间位置，右下方的数字表示在相应面板中使用入点、出点剪辑的片段的长度（如果当前未用入点、出点标记，则是整个素材或者节目的长度）。

值得注意的是，点击面板右下方的"按钮编辑器" ，如图3-7所示，可以对按钮进

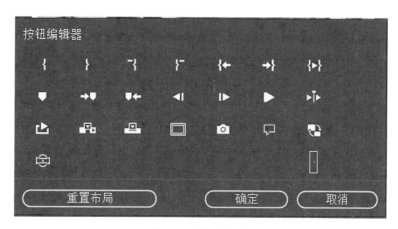

图3-7　按钮编辑器

行重新编辑，此时可选择将"切换VR视频显示"按钮 放入面板，方便操作。

主要按钮功能如下。

切换VR视频显示 ：该按钮用于编辑VR素材视频时，实时切换全景视图，可随鼠标拖动更换任意位置角度，方便VR剪辑操作。

添加标记 ：该按钮用于标记关键帧，标记点既可以用数字标识，也可以不标识，设置无编号标记就是设置一个标记点，但不用数字标识，快捷键是 Num Lock+*。

标记入点 ：单击该按钮，对"素材源"或"节目"设置入点，用于剪辑。在当前位置处，指定为入点，时间指示器在相应位置出现，快捷键是I。当按住 Alt 键时再单击该按钮，可以清除已经设置的入点。

标记出点 ：单击该按钮，对"素材源"或"节目"设置出点，在入点和出点之间的片段，将被用于插入（或者抽出）时间线。在当前位置处，指定为出点，时间指示器在相应位置出现。该按钮对应的快捷键是O。当按住Alt键再单击该按钮时，可以清除已设置的出点。

转到入点 ：单击该按钮，编辑线快速跳转到设置的入点。该按钮对应的快捷键是 Q。

转到出点 ：单击该按钮，编辑线快速跳转到设置的出点。该按钮对应的快捷键是 W。

后退一帧 ：每单击一次该按钮，编辑线就回退一帧。该按钮对应的快捷键是←。

播放/停止切换 ：单击一次该按钮，播放对应面板中的素材或者节目，然后按钮变为停止按钮。然后再次单击该按钮，就停止播放素材或者节目。该按钮对应的快捷键是空格键。

19

前进一帧 ▶：每单击一次该按钮，编辑线就前进一帧。该按钮对应的快捷键是→。

插入 ：将当前"素材源"面板中的素材从入点到出点的片段插入到"时间线"，处于编辑线后的素材均会向右移。如编辑线所处位置处于目标轨道中的素材之上，那么将会把原素材分为两段，新素材直接插入其中，原素材的后半部分将会紧接着插入的素材。快捷键是，键。该按钮为"素材源"面板所特有。

覆盖 ：将"素材源"面板中由入点和出点确定的素材片段插入到当前"时间线"的编辑线处，其他片段与之在时间上重叠的部分都会被覆盖。若编辑线处于目标轨道中的素材上，那么加入的新素材将会覆盖原素材，凡是处于新素材长度范围内的原素材都将被覆盖。该按钮对应的快捷键是半角的.键。该按钮只有"素材源"面板中有。

导出帧 ：单击该按钮，将弹出"导出单帧"面板，将视频文件以图片序列的方式导出。

3. "时间线"面板

在 Premiere Pro CC 中，"时间线"面板是非线性编辑器的核心面板，在"时间线"面板中，从左到右以电影播放时的次序显示所有该电影中的素材，视频、音频素材中的大部分编辑合成工作和特技制作都是在该面板中完成的。"时间线"面板如图3-8所示。

图3-8 "时间线"面板

视频轨道：可以有多个视频轨道，如视频1、视频2等，依此类推。

音频轨道：可以同时有多个音频轨道，如音频1、音频2等，依次类推，在最后还有一个主混合轨道。

切换轨道输出 ：选择是否将对应轨道视频输出。

添加/移除关键帧 ：用于添加或移除视频、音频的关键帧。

设置未编号标记 ：用于设置一个无编号的标记。

切换同步锁定 ：用于对相应的轨道进行锁定。

编辑线位置 `00:00:00:00`：显示编辑线在标尺上的时间位置。

时间标尺 ：用于表示电影中各帧的时间顺序。

编辑线 ：用于确定当前编辑的位置。

工作区域条 ：只是工作区域的起止点和持续时间，导出时只导出工作区域内的片段，而不是整个时间线。

4.“效果”面板

在默认的工作区中，“效果”面板通常位于程序界面的左下角。如果没有看到，可以选择“窗口 > 效果”命令，打开该面板，如图3-9所示。

图3-9　“效果”面板

在“效果”面板中，放置了 Premiere Pro CC 中所有的视频和音频的特效和转场切换效果。通过这些效果，可以从视觉和听觉上改变素材的特性。单击“效果”面板左上方的三角形按钮，打开“效果”面板的菜单，如图3-10所示。其中部分选项功能如下。

新建自定义素材箱：手动建立文件夹，可以把一些常用的效果拖到该文件夹里，使得效果管理起来更加方便，使用起来也更加简单。

新建预设素材箱：在“预设”文件夹中手动建

图3-10　“效果”面板的菜单

立文件夹，可以把一些常用的效果设置保存到该文件夹里，使用起来也更加简单。

删除自定义项目：此命令用于删除手动建立的文件夹。

将所选过渡设置为默认过渡：此命令用于设置选择的切换效果为默认的过渡特效。

设置默认过渡持续时间：此命令将打开系统设置文件夹，可以设置默认过渡特效的持续时间。

"效果"面板中，上部的"搜索" 🔍 用于输入关键字，快速定位效果的位置，输入"闪"，那么很快就可以找到在名称中包含"闪"的特效，如"闪电"。

"效果"面板右下方的"新建自定义素材箱" 📁 ，用于新建自定义素材箱。关于视频/音频特效、视频/音频过渡的详细含义和用法，将在后面章节中作详细介绍。

5."效果控件"面板

"效果控件"面板显示了"时间线"面板中选中的素材所采用的一系列特技效果，可以方便地对各种特技效果进行具体设置，以达到更好的效果，如图3-11所示。在Premiere Pro CC中，"效果控件"面板的功能更加丰富和完善，增设了"时间重置"为固定效果。"运动"（Motion）特效和"透明度"（Opacity）特效的设置，基本上都在"效果控制"面板中完成。在该面板中，可以使用基于关键帧的技术来设置"运动"效果和"透明度"效果，还能够进行过渡效果的设置。

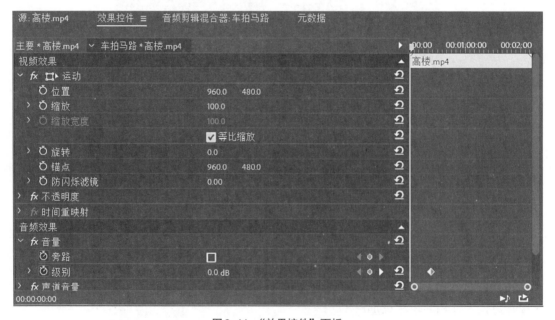

图3-11 "效果控件"面板

"效果控件"面板的左边用于显示和设置各种特效，右边用于显示"时间线"面板中选定素材所在的轨道或者选定过渡特效相关的轨道。

面板下方还有一部分控制用的按钮和滑动条。

右上方的时间条 |00:00　00:01:00:0|：用于显示当前编辑线在时间标尺上的位置。

仅播放该剪辑的音频 ▶️：只播放当前素材的音频。

切换音频循环回放 🔁：固定音频循环播放。

6. "工具"面板

"工具"面板中的工具为用户编辑素材提供了足够的功能，如图3-12所示。

图3-12　工具栏面板

选择工具 ▶：使用该工具可以选择或移动素材，并可以调节素材关键帧、为素材设置入点和出点。在"时间线"面板中，一直按下鼠标左键，然后拖动，将圈定一个矩形，在矩形范围内的素材全部被选中。

轨道选择工具 ➡️：该工具用于选择单个轨道上从第一个被选择的素材开始到该轨道结尾处的所有素材。将光标移动到轨道上有素材的位置，光标变为单箭头形状，单击即可完成轨道选择。如果同时按住 Shift 键，那么光标的形状将变为双箭头，此时就可以进行多轨道选择，可选择"时间线"面板中所有被选择素材之后的素材。该工具的快捷键是 A。

波纹编辑工具 ↔️：该工具用于调整一个素材的长度，不影响轨道上其他素材的长度。使用该工具时，将光标移动到需要调整的素材边缘，然后按下鼠标左键，向左或向右拖动鼠标，整个素材的长度将发生相应的改变，而与该素材相邻素材的长度并不变。该工具的快捷键是 B。为了适应各素材之间的过渡关系，其他相邻素材的位置有所变化，但其长度都没变。

滚动编辑工具 ↔️：该工具用来调节某个素材和其相邻的素材长度，以保持两个素材和其后所有素材的长度不变。使用该工具时，将鼠标移动到需要调整的素材的边缘，然后按下鼠标左键，向左或者向右拖动鼠标。如果某个素材增加了一定的长度，那么相邻的素材就会减小相应的长度。该工具的快捷键是 N。把两段素材放在一起，使用该工具在两素材之间调整后，整体长度不变，只是一段素材的长度变长，另一段素材的长度变短。

比率拉伸工具 🔧：该工具可以调整素材的播放速度。使用该工具时，将鼠标移动到需要调整的素材边缘，拖动鼠标，选定素材的播放速度将会随之改变（只要有足够的空间）。拉长整个素材会减慢播放速度，反之，则会加快播放速度。该工具的快捷键是 X。

剃刀工具 🔪：该工具将一个素材切成两个或多个分离的素材。使用时，将光标移动到素材的分离点处单击，原素材即被分离。该工具的快捷键是 C。如果同时按住 Shift 键，会变成多重剃刀工具。使用该工具，可以将分离位置处所有轨道（除锁定的轨道外）上的素材进行分离。

外滑工具 ：该工具用来改变前一素材的出点和后一素材的入点，保持选定素材长度不变。使用该工具时，将光标移动到需要调整的素材上，按住鼠标左键，然后拖动鼠标，素材的出点和入点也将随之变化，其他素材的出点和入点不变。该工具的快捷键是 Y。

内滑工具 ：该工具用来改变素材的入点和出点，但不影响"时间线"面板的其他素材。使用该工具时，把鼠标移动到需要改变的素材上，按下鼠标左键，然后拖动鼠标，前一素材的出点、后一素材的入点，以及拖动的素材在整个项目中的入点和出点位置将随之改变，而被拖动的素材的长度和整个项目的长度不变。该工具的快捷键是 U。

钢笔工具 ：该工具用来设置素材的关键帧，快捷键是 P。

手形工具 ：该工具用来滚动"时间线"中的内容，以便于编辑一些较长的素材。使用该工具时，将鼠标移动到"时间线"面板，然后按住鼠标左键并拖动，可以滚动"时间线"面板到需要编辑的位置。该工具的快捷键是 H。

缩放工具 ：该工具用来调节片段显示的时间间隔。使用放大工具可以缩小时间单位，使用缩小工具（按住 Alt 键）可以放大时间单位。该工具可以画方框，然后将方框选定的素材充满"时间线"面板，时间单位也发生相应的变化。该工具的快捷键是 Z。

文字工具 ：该工具用来制作 VR 视频的字幕，具体使用方法将在后续章节详细讲解。

7."信息"面板

"信息"面板显示了所选剪辑或过渡的一些信息，如图 3-13 所示。该面板中显示的信

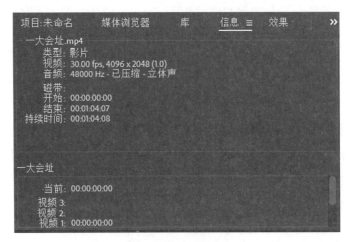

图 3-13 "信息"面板

息随媒体类型和当前活动窗口等因素而不断变化。如果素材在"项目"面板中，那么"信息"面板将显示选定素材的名称、类型（视频、音频或者图像等）、长度等信息。同时，素材的媒体类型不同，显示的信息也有差异。

8."历史记录"面板

"历史记录"面板与Adobe公司其他软件中的"历史记录"面板一样，记录了从打开Premiere Pro CC后的所有操作命令，最多可以记录99个操作步骤，如图3-14所示。

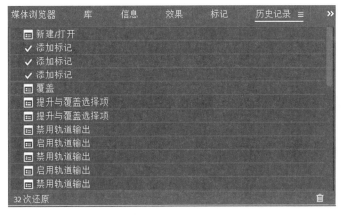

图3-14　"历史记录"面板

用户可以在该面板中查看以前的操作，并且可以回到先前的任意状态。例如在"时间线"面板中加入了一个素材，手动调整了素材的持续时间，对该素材使用了特技、复制、移动等操作，这些步骤都会记录在"历史记录"面板中。如果要回到加入素材前的状态，只需要在"历史记录"面板中找到加入素材对应的命令，用鼠标左键单击即可。

历史面板的使用，有以下一些规定。

一旦关闭并重新打开项目，先前的编辑步骤将不再能从历史面板中得到。

打开一个字幕窗口，在该窗口中产生的步骤就不会出现在历史面板中。

最初的步骤显示在列表的顶部，而最新的步骤则显示在底部。

列表中显示的每种步骤也包括了改变项目时所用的工具或命令名称，以及代表它们的图标。某些操作会为受它影响的每个面板产生一个步骤信息，这些步骤是相连的，Premiere将它们作为一个单独的步骤对待。

选择一个步骤将使其下面的所有步骤变灰显示，表示如果从该步骤重新开始编辑，下面列出的所有改变都将被删除。

选择一个步骤后再改变项目，将删除选定步骤之后的所有步骤。

要在"历史记录"面板中上下移动，可拖动面板上的滚动条或者从"历史记录"面板菜单中选择"单步后退"或"单步前进"命令。

要删除一种项目步骤，应先选择该步骤，然后从"历史记录"面板菜单中选择"删除"命令并在弹出的确认对话框中单击"确定"按钮。

要清除历史控制面板中的所有步骤，可以从"历史记录"面板菜单中选择"清除历史记录"命令。

3.2.2　Premiere Pro CC的系统要求

编辑视频需要较高的计算机资源支持，因此配置用于编辑视频的计算机时，需要考虑硬盘的容量与转速、内存的容量和处理器的主频高低等硬件因素。这些硬件因素会影响视频文件保存的容量、处理和渲染输出视频文件时的运算速度。以下是安装和使用 Premiere Pro CC 2018 系统要求。

1. Windows 系统[31]

带有 64 位支持的多核处理器。

Microsoft Windows 7 Service Pack 1（64 位）、Windows 8.1（64 位）或 Windows 10（64 位）。建议使用 Windows 10。但是，Windows 10 生成版本号 1507 和 1807（在操作系统生成版本号 17134.165 上运行）不受支持。

支持 Windows 10 Creator Edition 和 Dial。

8 GB RAM（建议 16 GB 或更多）。

8 GB 可用硬盘空间用于安装；安装过程中需要额外可用空间（无法安装在可移动闪存设备上）。

1 280×800 显示器（建议使用 1 920×1 080 或更高分辨率）。

ASIO 协议或 Microsoft Windows Driver Model 兼容声卡。

必须具备 Internet 连接并完成注册，才能激活软件、验证订阅和访问在线服务。

2. Mac OS 系统[32]

带有 64 位支持的多核 Intel 处理器。

Mac OS X v10.11、v10.12或v10.13。

8 GB RAM（建议 16 GB 或更多）。

8 GB可用硬盘空间用于安装，安装过程中需要额外可用空间（无法安装在使用区分大小写的文件系统的卷上或可移动闪存设备上）。

1 280×800显示器（建议使用1 920×1 080或更高分辨率）。

声卡兼容Apple核心音频。

可选：Adobe推荐的GPU卡，用于实现GPU加速性能。

必须具备Internet连接并完成注册，才能激活软件、验证订阅和访问在线服务。

3.3　VR影像项目管理与基本操作

3.3.1　项目文件操作

项目是Premiere编辑软件特有的文件形式，项目中包含一个项目窗口，用来存储项目中所使用的相关素材及序列，以及对素材进行处理、效果设置、剪辑、排列、转场、音频混合等。

第1步：打开Premiere Pro CC，会显示欢迎界面，如图3-15所示。

图3-15　欢迎界面

第2步：进入软件开始界面，打开一个原有的项目，也可以新建一个项目，如图3-16所示。

图3-16　开始界面

第3步：新建一个项目时，需要根据工作的要求进行设置，如图3-17所示。

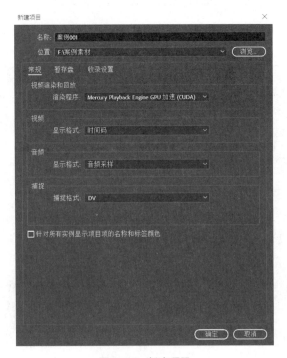

图3-17　新建项目

第4步：单击暂存盘选项卡，在其中设置各项参数，如图3-18所示。

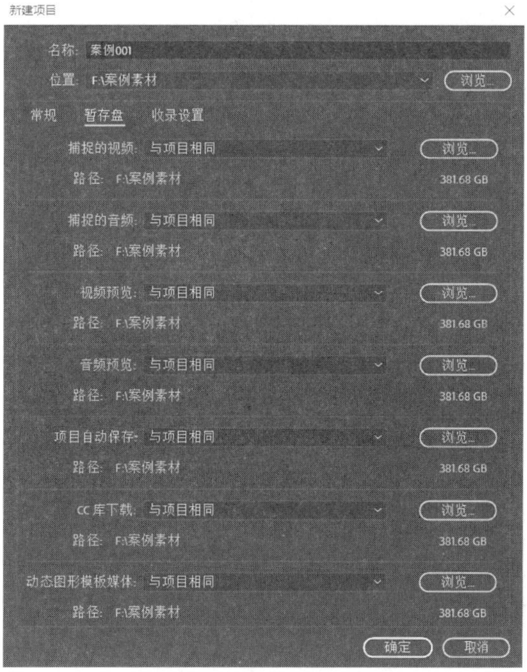

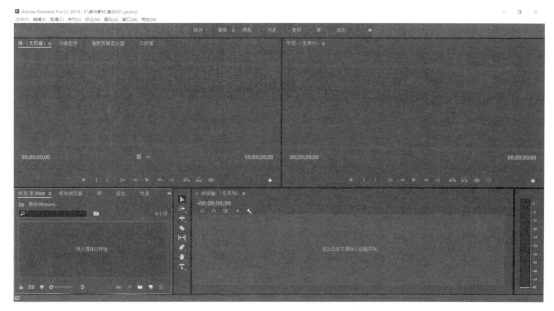

图3-18　设置项目参数

第5步：单击确定按钮，进入工作界面，如图3-19所示。

图3-19　工作界面

第6步：选择主菜单"文件 > 项目设置 > 常规"，打开相应的对话框，如图3-20所示。

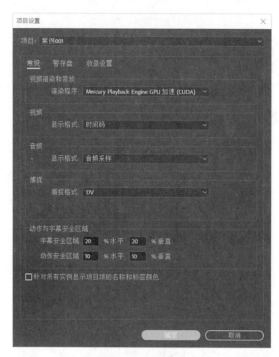

图3-20　项目设置

第7步：选择主菜单"编辑 > 首选项 > 常规命令"，可以修改启动方式，比如调整静止图像的默认长度、视音频影像的过渡长度等，如图3-21所示。

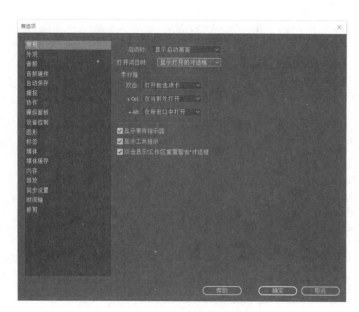

图3-21　常规设置

第8步：单击"外观"选项卡，可以调整工作界面外观的亮度，如图3-22所示。

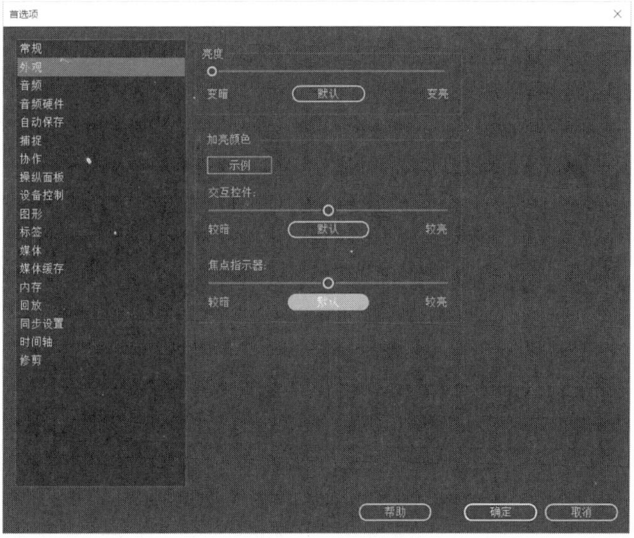

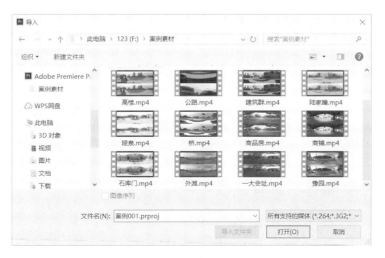

图3-22　外观设置

第9步：单击"确定"按钮，关闭"首选项"对话框，这样就做好了开始导入素材等编辑工作的准备。

3.3.2　导入视频素材

第1步：打开软件Premiere Pro CC，进入工作界面，选择主菜单"文件 > 导入"命令，在弹出的导入对话框中选择视频文件"喷泉.mp4"，如图3-23所示。

图3-23　选择文件

第2步：单击"打开"按钮，VR视频素材就出现在"项目"面板中，拖拽素材缩略图，底部的滑块可以查看VR素材内容，如图3-24所示。

图3-24　导入VR素材

第3步：在"项目"面板中双击VR素材缩略图，在"源监视器"面板中，查看VR素材的内容，如图3-25所示。

图3-25　查看VR素材2D显示

第4步：在"源监视器"面板中单击"切换VR视频显示"按钮，可推动鼠标从不同角度查看全景VR素材的内容，如图3-26所示。

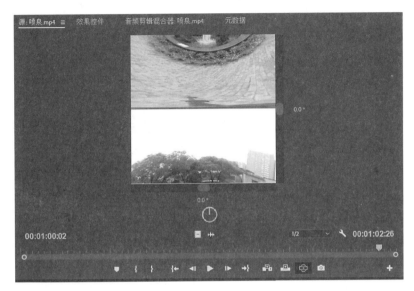

图3-26　查看全景VR素材

第5步：在"源监视器"面板，修改图像下方的角度值，设置为-45°，修改图像右方的角度值，设置为45°，则可以查看全景视频左侧图像，如图3-27所示。

图3-27　查看VR素材全景左侧图像

第6步：在"源监视器"面板，修改图像下方的角度值，设置为-150°，修改图像右方的角度值，设置为45°，则可以查看全景视频后侧图像，如图3-28所示。

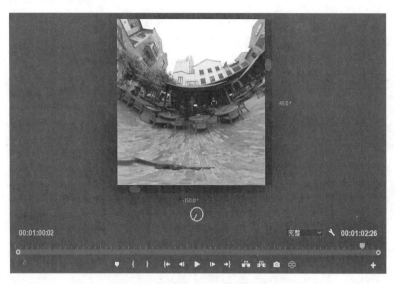

图3-28　查看VR素材全景后侧图像

3.3.3　插入与覆盖素材

第1步：打开上一节的项目文件"案例002.prproj"，选择主菜单"文件 > 另存为"命令，另存为项目文件"案例003.prproj"。

第2步：在"项目"面板中，双击VR素材"高楼.mp4"的缩略图，在"源监视器"面板中打开素材，拖拽滑块查看素材内容，设置当前时间为00：00：08：00，单击"标记入点"按钮，添加一个入点，如图3-29所示。

图3-29　设置入点

第3步：将当前时间设为00：00：48：00，单击"标记出点"按钮添加出点，如图3-30所示。

图3-30　设置出点

第4步：将VR素材拖拽到"时间线"面板的V1轨道中，如图3-31所示。

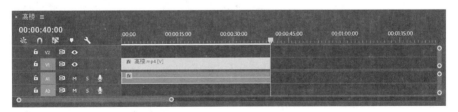

图3-31　拖拽VR素材到时间线

第5步：在"项目"面板中双击打开VR素材"建筑群.mp4"，查看素材内容，将当前时间设为00：00：46：20，添加出点，如图3-22所示。

第6步：激活"时间线"面板，按下键盘上的↓键，设置当前指针到第一个片段的末端，单击"源监视器"面板底部的"插入"按钮，新的片段自动添加到"时间线"面板中，如图3-33所示。

第7步：在"项目"面板中导入素材"商铺.mp4"，在"源监视器"面板中查看内容并设置入点00：00：04：08和出点和00：00：15：00，如图3-34所示。

第8步：激活"时间线"面板，按下键盘上的↑键，设置当前时间线到两个片段的交

图3-32　添加出点

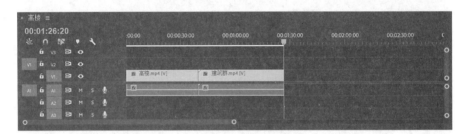

图3-33　插入新素材

图3-34　设置出入点

接处，单击"源监视器"面板底部的"插入"按钮，新的片段自动添加到"时间线"面板中，排列在第二个片段，如图3-35所示。

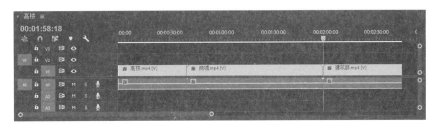

图3-35　插入素材

第9步：在"项目"面板中导入VR素材"桥.mp4"，双击打开并在"源监视器"面板中设置出点，如图3-36所示。

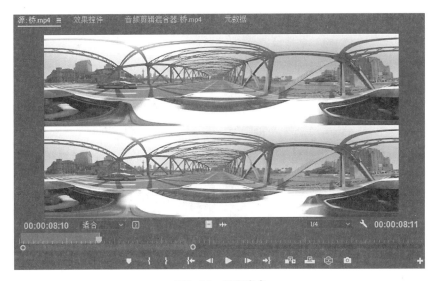

图3-36　设置出点

第10步：在"时间线"面板中，拖拽指针到00：01：58：15，单击"源监视器"面板底部的覆盖按钮，新的片段自动替换相应的VR素材，如图3-37所示。

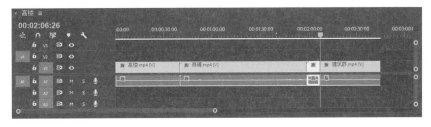

图3-37　覆盖VR素材

3.3.4　管理素材文件

第1步：打开项目文件"案例003.prproj"，选择主菜单"文件 > 另存为"命令，另存为项目文件"案例004.prproj"。

第2步：在"项目"面板的文件"桥"上单击鼠标右键，在弹出的快捷菜单中，选择"重命名"命令，然后在名称栏中修改名称为"外白渡桥"，如图3-38所示。

第3步：在"项目"面板的空白处，单击鼠标右键，在弹出的快捷菜单中，选择"新建素材箱"命令，创建一个VR素材箱，如图3-39所示。

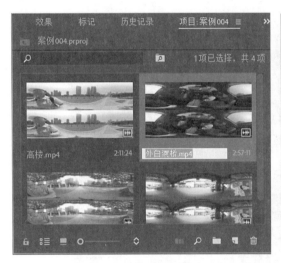

图3-38　重命名VR素材　　　　　　　　　　　图3-39　新建VR素材箱

第4步：将VR素材箱命名为"VR实景拍摄素材"，为以后多项目素材整理做准备，如图3-40所示。

第5步：在"项目"面板中选择所有VR实景拍摄素材，并拖拽到VR素材箱中，如图3-41所示。

第6步：在"项目"面板底部，单击按钮，将VR素材以列表方式显示，方便按照名称进行查找和比较，如果横向扩展"项目"面板，可以查看VR素材更多的信息，如图3-42所示。

第7步：创建VR素材箱后，可以双击并打开素材箱，查看其中的素材或进行预览等操作，如图3-43所示。

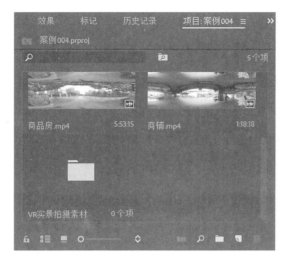

图 3-40 VR 素材箱命名

图 3-41 将 VR 素材添加到素材箱

图 3-42 查看 VR 素材信息

图3-43　打开VR素材箱

3.3.5　设置标记点

第1步：打开项目文件"案例004.prproj"，选择主菜单"文件 > 另存为"命令，另存为"案例005.prproj"。

第2步：在"项目"面板中双击并打开VR素材"商铺.mp4"，在"源监视器"面板底部单击"转到入点"按钮，当前时间线在源素材的入点位置，单击"添加标记"按钮，添加一个标记点，如图3-44所示。

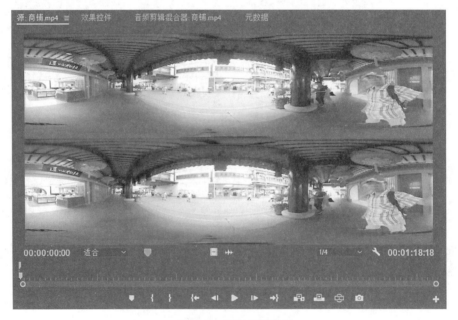

图3-44　添加标记点

第3步：双击标记点，打开标记点属性面板，可以在名称栏中输入标记点的名称，也可以在注释栏中输入文字，如图3-45所示。

第4步：单击"确定"按钮关闭对话框，在"节目预览"面板底部出现标记点图标，如图3-46所示。

第5步：在"时间线"面板中拖拽当前指针到第一、二片段的交接处，单击"节目监视器"面板底部的"添加标记"按钮，如图3-47所示。

第6步：双击标记点，打开标记点属性对话框，如图3-48所示。

第7步：单击"确定"按钮，关闭标记点属性对话框，在"时间线"上和"节目预览"面板标记点上即有了信息，如图3-49所示。

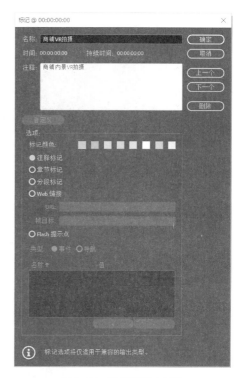

图3-45　设置标记点属性

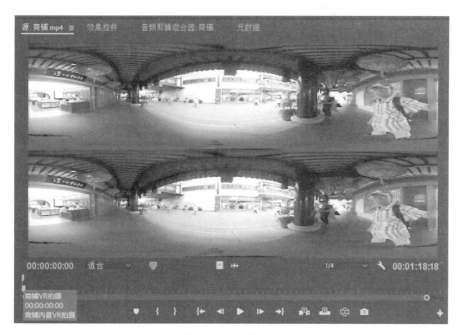

图3-46　出现标记点

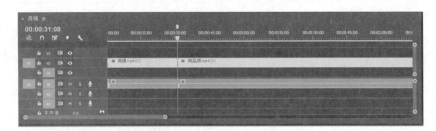

图3-47 添加VR节目标记点

图3-48 编辑标记点属性

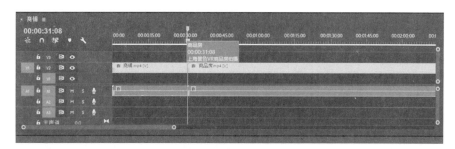

图3-49　查看节目标记点

3.3.6　三点与四点编辑

第1步：打开项目文件"案例005.prproj"，选择主菜单"文件 > 另存为"命令，另存为"案例006.prproj"。

第2步：双击打开VR素材"商铺.mp4"，设置入点和出点，然后拖拽到"时间线"面板中，如图3-50所示。

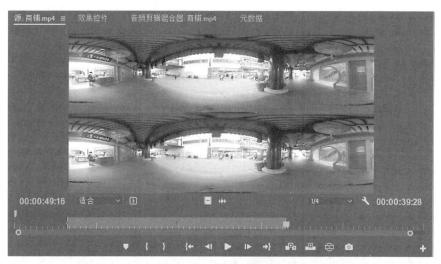

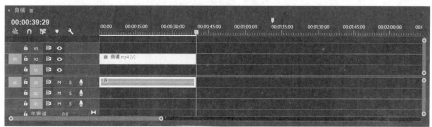

图3-50　设置VR素材出入点并拖拽到时间线

第3步：在"项目"面板中，双击打开VR素材"高楼.mp4"，设置入点和出点，然后拖拽到"时间线"面板中第二个片段位置，如图3-51所示。

图3-51　设置VR素材出入点并拖拽到时间线

第4步：激活"时间线"面板，设置当前时间00：00：44：10，单击"节目"面板底部的"标记入点"按钮，添加节目入点，如图3-52所示。

图3-52　添加VR节目入点

第5步：在"项目"面板中双击打开VR素材"桥.mp4"，在"源监视器"面板中设置入点和出点，如图3-53所示。

第6步：单击VR素材监视器底部的"插入"按钮，在时间线入点处插入新的VR素材，执行三点编辑，如图3-54所示。

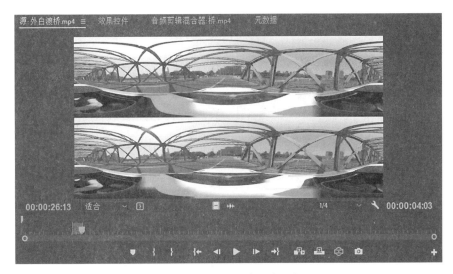

图3-53 设置VR素材出入点

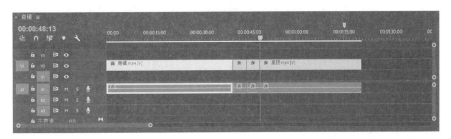

图3-54 插入新的VR素材

第7步：在时间线上选择第二个片段，按住Shift键再按下Delete键，删除该片段，如图3-55所示。

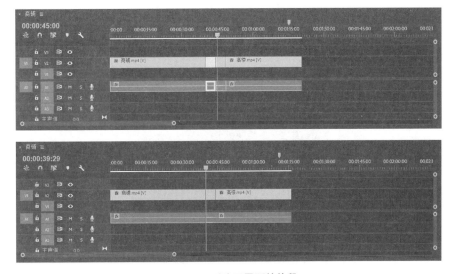

图3-55 删除不需要的片段

第8步：如果要执行四点编辑，需要设置时间线的入点和出点，以确定新的片段的位置，如图3-56所示。

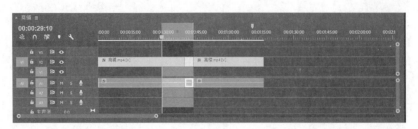

图3-56　设置VR节目出入点

第9步：在"项目"面板中双击VR素材"商品房.mp4"，在"源监视器"面板中打开，设置VR素材的入点和出点，如图3-57所示。

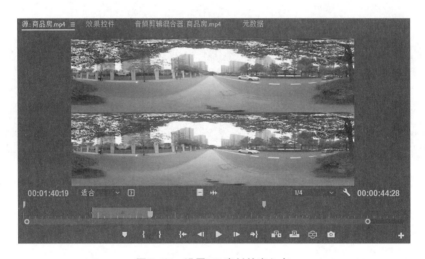

图3-57　设置VR素材的出入点

第10步：当确定了VR素材的入点和出点，在执行"插入"时，弹出"适合剪辑"对话框，如图3-58所示。

图3-58　"适合剪辑"对话框

第 11 步：选择合适的选项执行插入 VR 素材，"适合剪辑"对话框选择第一个选项，不改变节目的长度，通过调整 VR 素材速度匹配时间线入点和出点之间的长度，如图 3–59 所示。

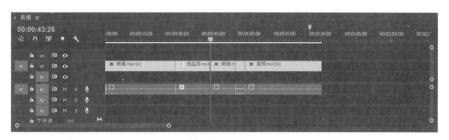

图 3–59　四点编辑

第 12 步：若在上一步执行插入覆盖 VR 素材，"适合剪辑"对话框选择第一个选项，则如图 3–60 所示。

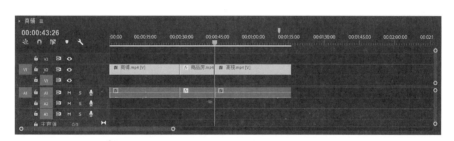

图 3–60　四点编辑（覆盖 VR 素材）

3.3.7　时间线编辑

第 1 步：打开上一节制作的项目"案例 006.prproj"，选择主菜单"文件 > 另存为"命令，另存为"案例 007.prproj"。

第 2 步：在"时间线"面板左端标签栏的顶部，单击序列名称右侧的按钮 ☰，从弹出的菜单中激活"视频头缩略图"选项，改变时间线上 VR 素材的缩略图方式，如图 3–61 所示。

第 3 步：单击时间线显示设置按钮 🔧，从弹出的菜单中可以选择合适的时间线显示选项，例如勾选"显示音频名称"选项，如图 3–62 所示。

第 4 步：在"时间线"面板的左下角，有控制面板显示大小的控制条，不仅可以缩放"时间线"面板大小，还可以调整 VR 素材在时间线中显示的位置，便于查找和编辑，如图 3–63 所示。

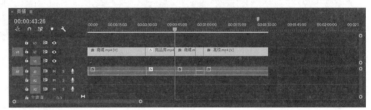

图 3-61　改变 VR 素材显示方式

图 3-62　改变时间轴显示设置

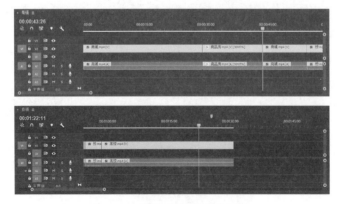

图 3-63　调整"时间线"面板显示

第5步：在"时间线"面板或者"节目监视器"面板中，可以随意拖拽时间指针到需要编辑的位置，如图3-64所示。

第6步：为了更精确地找到编辑位置，可以单击"节目监视器"面板底部的"逐帧向前"◀️按钮，或"逐帧向后"▶️按钮，还可以按键盘←或→键，还有一种比较高效的方法，就是将光标放在"节目监视器"面板中，通过滚动滚轮来快速逐帧查找到编辑位置，如图3-65所示。

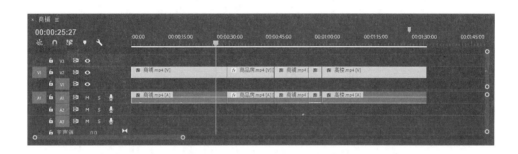

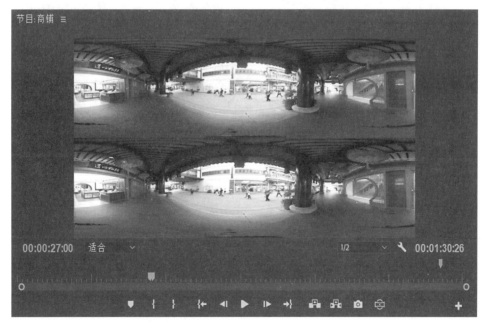

图3-64　拖拽时间指针

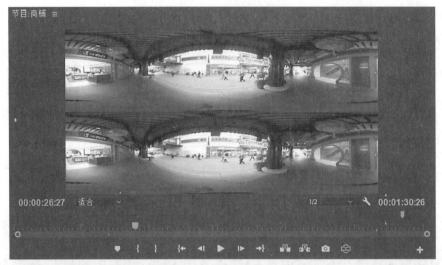

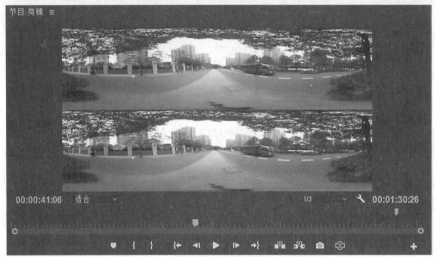

图 3-65　滚轮快速逐帧查找编辑位置

3.3.8　滚动与滑动编辑

第1步：打开上一节制作的项目"案例007.prproj"，选择主菜单"文件 > 另存为"命令，另存为"案例008.prproj"。

第2步：在工具栏中选择"滚动编辑工具" ⊞，在"时间线"面板中，单击第三、四片段的交界处，按住鼠标左键向左拖拽，在VR素材的下方可以查看拖拽的时长，在"节目监视器"面板中，可以查看前后VR素材的出点和入点，如图3-66所示。

第3步：在工具栏中选择"外滑工具" ↔，在"时间线"面板中第二片段上，单击并

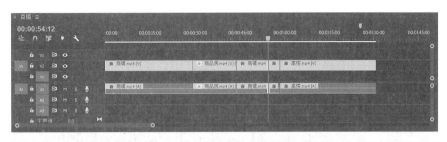

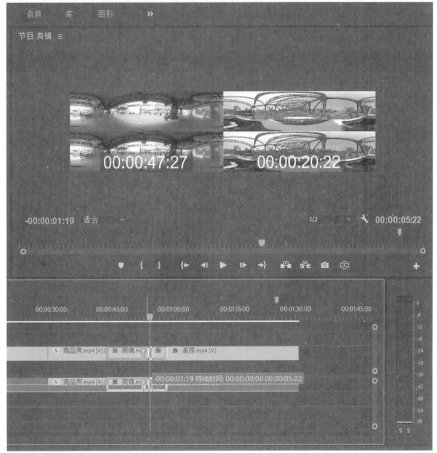

图3-66　执行滚动编辑

向左拖拽，在VR素材下方可以查看拖拽的时长，在"节目监视器"面板中，可以查看前后相邻素材的出点和入点，如图3-67所示。

　　第4步：在工具栏中选择"内滑工具"，在"时间线"面板中第四片段上，单击并向左拖拽，在VR素材下方可以查看拖拽的时长，在"节目监视器"面板中，可以查看前后相邻素材的出点和入点，如图3-68所示。

　　第5步：使用"选择工具"可以改变VR素材在时间线的位置，在"节目监视器"

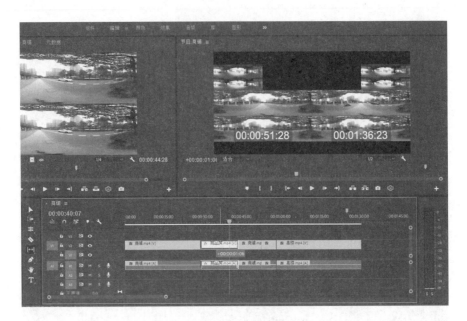

图3-67　外滑工具编辑

图3-68　内滑工具编辑

面板中，可以查看前后相邻素材的出点和入点，如图3-69所示。

　　第6步：使用"选择工具"，鼠标放于每一段VR素材的交界处，图标会改变，即可以拖动来改变素材的长度，在"节目监视器"面板中，可以查看前后相邻素材的出点和入点，如图3-70所示。

图 3-69　"选择工具"编辑

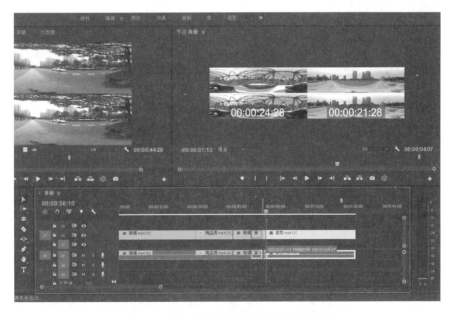

图 3-70　使用"选择工具"改变 VR 素材长度

3.3.9　链接和替换素材

　　第 1 步：打开项目文件"案例 008.prproj"，部分 VR 素材因为误删、路径改变等原因造成缺失或者找不到位置，就会显示成脱机状态，如图 3-71 所示。

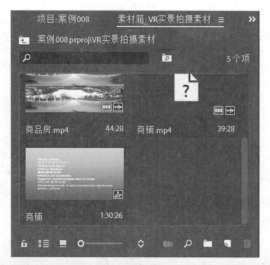

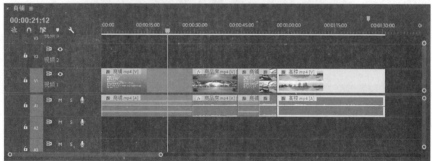

图3-71　VR素材显示脱机状态

第2步：VR素材已经丢失，或者可能被修改了名称，在"项目"面板的该素材缩略图上单击鼠标右键，在弹出的快捷菜单中选择"链接媒体"命令，如图3-72所示。

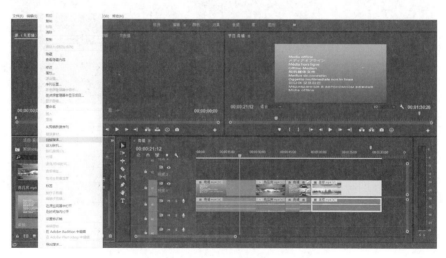

图3-72　选择"链接媒体"命令

第3步，在弹出的"链接媒体"对话框中，单击"查找"按钮，如图3-73所示。

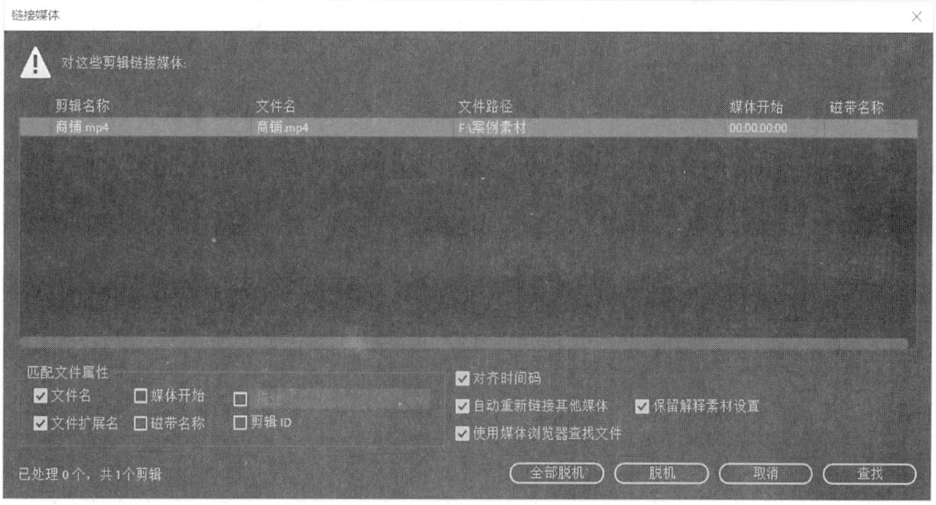

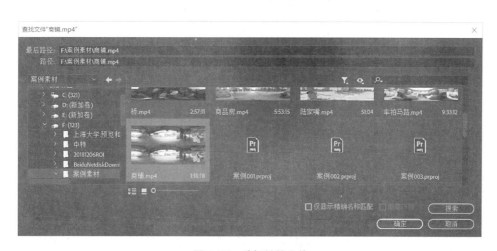

图3-73　"链接媒体"窗口

第4步：在弹出的"查找文件"对话框中，找到相应的VR素材，鼠标单击选中即可，如图3-74所示。

图3-74　选择链接文件

第5步：单击"确定"按钮，完成了相应缺失的VR素材链接，如图3-75所示。

第6步：在"项目"面板中，导入VR素材"建筑群.mp4"，选择该素材缩略图，按Ctrl+C组合键，在"时间线"面板的最后一段VR素材上单击鼠标右键，在弹出的快捷菜单中选择"使用剪辑替换 > 从素材箱"命令，用VR素材"建筑群.mp4"替换"高楼.mp4"，如图3-76所示。

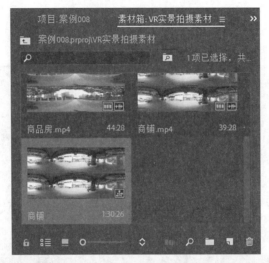

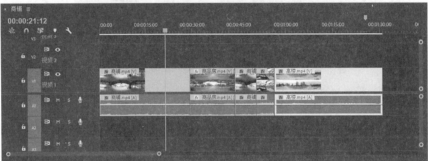

图3-75　完成媒体链接后的界面

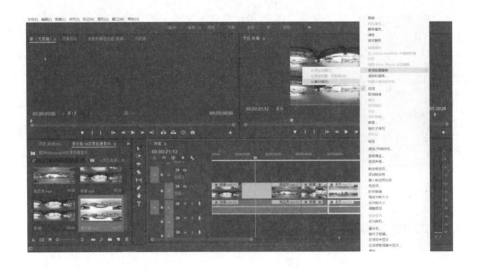

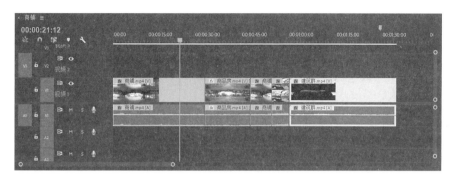

图3-76　替换VR素材

3.3.10　素材调速

第1步：新建项目，命名为"案例010.prproj"，新建一个序列，选择VR预设。

第2步：将VR素材"喷泉.mp4"导入"项目"面板中，双击该素材，在"源监视器"面板中查看VR素材内容并设置出点为00：00：19：05，然后添加到时间线上，如图3-77所示。

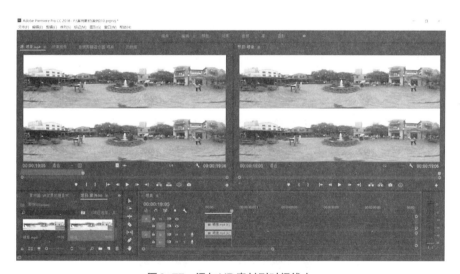

图3-77　添加VR素材到时间线上

第3步：在时间线上选择该VR素材，在"效果控件"面板中设置"缩放"为133%，如图3-78所示。

第4步：在"时间线"面板中拖拽当前时间指针到00：00：08：27，使用"剃刀工具"或键盘按CTRL+K组合键，将VR素材分割成两段，如图3-79所示。

图3-78　调整VR素材缩放比例

图3-79　分割VR素材

第5步：在时间线的第一段VR素材上点击鼠标右键，在弹出的快捷菜单中选择"剪辑速度/持续时间"命令，在弹出的"剪辑速度/持续时间"对话框中，调整速度为130%，相应的持续时间变为00：00：06：25，如图3-80所示。

图3-80　调整VR素材速度和持续时间

第6步：第一段VR素材速度变快了，长度就相应变短了，如图3-81所示。

第7步：选择工具栏中的"比率拉伸工具" ，向左拖拽第一片段的右端，直接改变VR素材的速度和长度，如图3-82所示。

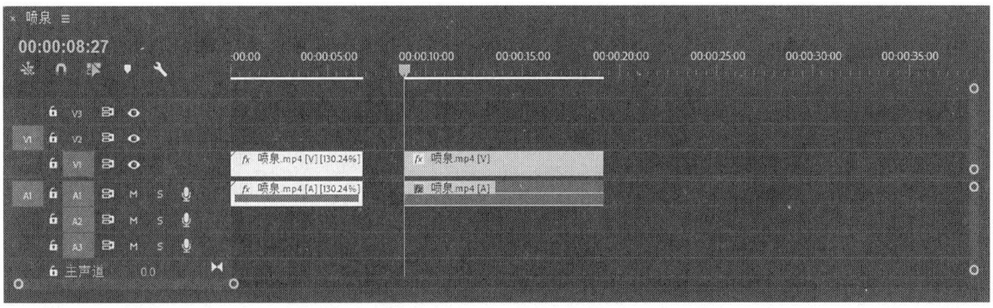

图3-81　VR素材速度与长度变化

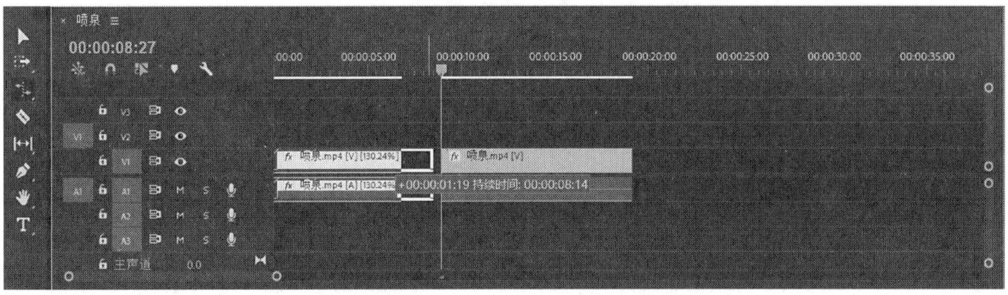

图3-82　"比率拉伸工具"调整VR素材长度和速度

第8步：在时间线窗口的空白位置，单击鼠标右键，在弹出的快捷菜单中选择"波纹删除"命令，如图3-83所示。

第9步：接下来在"效果控件"面板中，对VR素材进行不均匀变速。在"时间线"面板中选择第二个片段，激活"效果控件"面板，分别在00：00：10：00和00：00：15：00处添加"速度"关键帧，如图3-84所示。

第10步：在00：00：15：00关键帧处，向上拖拽速率曲线，提高速度，如图3-85所示。

第11步：单击00：00：15：00关键帧，向后拖拽延长速率变化的时间，如图3-86所示。

第12步：VR素材速度发生了非匀速的改变，素材在"时间线"面板中的长度也相应发生了变化。

图3-83　"波纹删除"命令

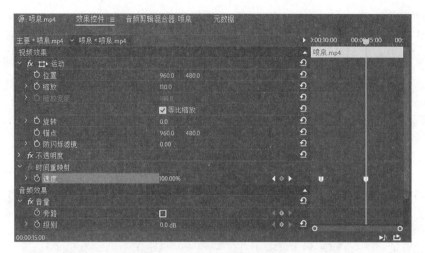

图3-84 添加"速度"关键帧

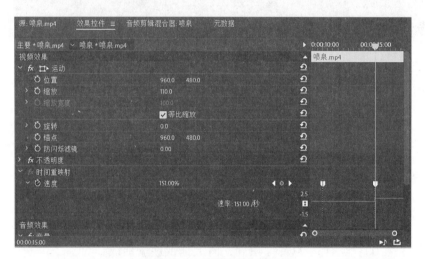

图3-85 调整速率曲线

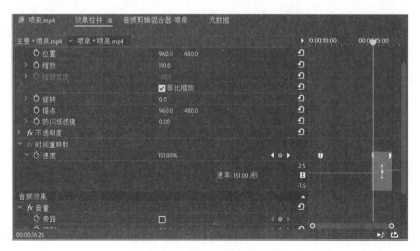

图3-86 调整速率变化的长度

3.3.11　预览和输出影片

第 1 步：新建项目文件，命名为"案例 011.prproj"，新建设置序列。

第 2 步：导入 VR 素材"城隍庙 .mp4""高楼 .mp4""外滩 .mp4""喷泉 .mp4""石库门 .mp4""豫园 .mp4"，如图 3-87 所示。

图 3-87　导入 VR 素材

第 3 步：对每条 VR 素材设置入点和出点，拖拽至"时间线"面板，如图 3-88 所示。

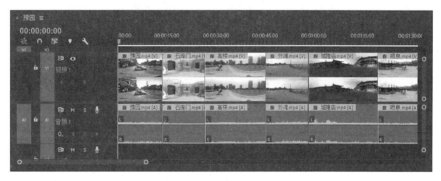

图 3-88　将 VR 素材拖拽至"时间线"面板

第 4 步：在"节目监视器"面板单击"播放/停止切换"▶按钮，对 VR 视频节目进行预览，如图 3-89 所示。

第 5 步：选择主菜单"文件 > 导出 > 媒体"命令，弹出"导出设置"对话框，在对话框的右侧，可以设置输出文件的格式、名称和保存路径等，如图 3-90 所示。

图3-89　在"节目监视器"面板预览视频

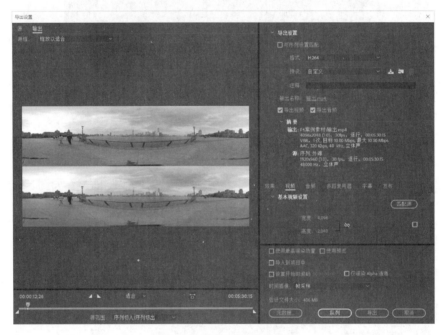

图3-90　"导出设置"面板

第6步：在"导出设置"面板中，选择视频格式为H.264则输出mp4格式视频文件，在"视频"设置选项中，点击"匹配源"则输出与输入的VR影像素材相同的尺寸。拖动鼠标滚动条向下，"比特率设置"调整目标比特率可按需自行设置，下方"估计文件大小"会根据目标比特率设置的大小而变化，目标比特率设置数字越大，代表输出视频的清晰度越高，文件也越大，如图3-91所示。

第7步：设置完毕，鼠标单击"导出"按钮，视频输出开始运算，如图3-92所示。导出完毕后，文件输出在先前自定义的保存路径中。

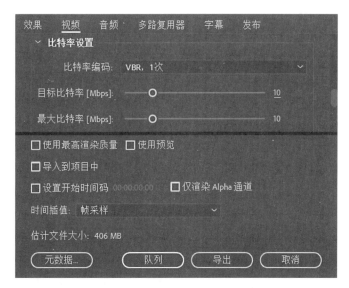

图3-91 "比特率设置"对话框

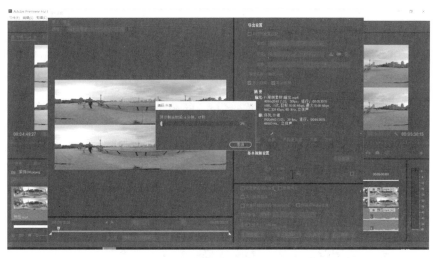

图3-92 导出媒体运算

3.4 镜头组接技术与技巧

在VR影像制作的编辑中，镜头组接技术对于整个影像作品而言，起到了至关重要的作用。通过镜头的组接，可以创造丰富多彩的蒙太奇语言，也可以表现更多好的艺术形式。而Premiere Pro CC提供了丰富的VR过渡效果类型，有基础的，也有高级的，还可以对这些过渡效果进行设置，以使最终的形式更加多样。

3.4.1　插入VR转场效果

VR影像需要转场效果才能达到"时空穿梭"的特效。所谓转场效果，就是影片剪辑中一个镜头画面向另一个镜头画面过渡的过程。转场效果按照形式可分为"无技巧转场"和"有技巧转场"。"无技巧转场"就是人们常说的"硬切"，即从一个画面直接过渡到另一个画面的过程；而"有技巧转场"则是指一个画面通过某种特效，逐渐向另外一个画面过渡的过程。

虽然在影像剪辑中，大多数采用的都是"无技巧转场"，但是通过转场效果的"有技巧转场"，可以丰富画面的视觉表现能力，使VR影像的画面更加自然流畅。在接下去的几个小节，将通过案例对"有技巧转场"的添加和设置进行详细介绍。

3.4.2　交叉溶解

第1步：运行Premiere Pro CC，新建一个项目，命名为"案例012.prproj"，设置序列。

第2步：在"项目"面板中导入VR素材"喷泉.mp4"VR素材"桥.mp4"，如图3–93所示。

第3步：然后将"项目"面板中的VR素材"喷泉.mp4"拖拽到"时间线"面板的V1轨道中，如图3–94所示。

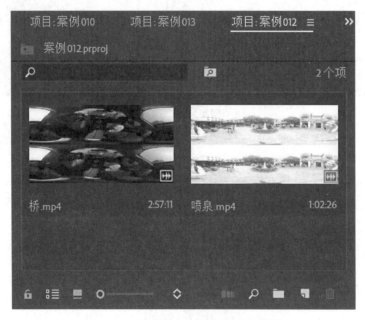

图3–93　在"项目"面板中导入VR素材

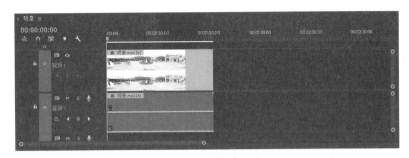

图3-94　添加VR素材至时间线

　　第4步：从"项目"面板中拖拽VR素材"桥.mp4"，到"时间线"面板的V1轨道中，放于前一视频VR素材之后，如图3-95所示。

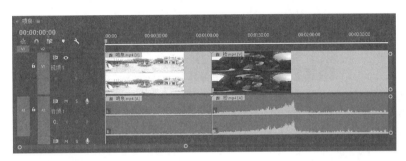

图3-95　添加第二个VR素材至时间线

　　第5步：在工具栏中选择"滚动编辑工具"，在"时间线"面板中，单击并向后拖动两个片段的交界处，如图3-96所示。

图3-96　执行"滚动编辑"命令

第6步：激活"效果"面板，选择"视频过渡 > 溶解 > 交叉溶解"特效，将其拖至"时间线"面板V1轨道中第一个素材的开头、两个素材的中间以及最后一个素材的结尾处，如图3-97所示。

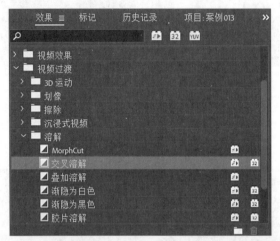

图3-97　添加"交叉溶解"特效

第7步：将"时间线"面板上光标放于过渡效果位置，拖动面板下滚动条放大素材时间线，鼠标置于过渡效果的方块上改变图标，拖动即可延长或缩短"交叉溶解"过渡效果持续时间，如图3-98所示。

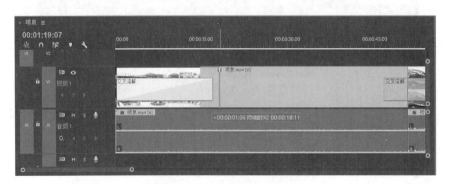

图3-98　延长过渡效果持续时间

第8步：保存场景，在"节目监视器"面板中观看过渡最终效果，如图3-99所示。

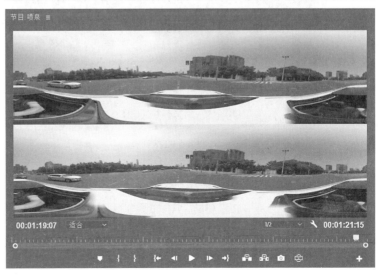

图3-99 案例最终效果图

3.4.3　叠加溶解

第1步：运行Premiere Pro CC，新建一个项目，命名为"案例013.prproj"，设置序列参数。

第2步：在"项目"面板中导入VR素材"东方明珠.mp4""城隍庙.mp4"，以列表方式查看，如图3-100所示。

图3-100　"项目"面板显示VR素材

第3步：然后将"项目"面板中的VR素材"东方明珠.mp4"拖拽到"时间线"面板的V1轨道中，如图3-101所示。

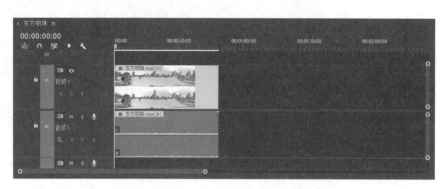

图3-101　添加VR素材至时间线

第4步：从"项目"面板中拖拽VR素材"城隍庙.mp4"，到"时间线"面板的V1轨道中，放于前一视频VR素材之后，如图3-102所示。

第5步：在工具栏中选择"滚动编辑工具"，在"时间线"面板中，单击并向后拖动两个片段的交界处，如图3-103所示。

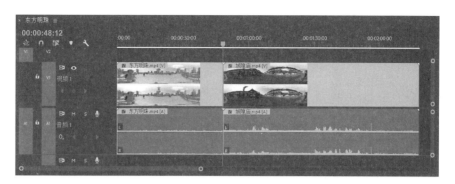

图3-102　添加第二个VR素材至时间线

图3-103　执行"滚动编辑"命令

第6步：激活"效果"面板，选择"视频过渡 > 溶解 > 叠加溶解"特效，将其拖至"时间线"面板V1轨道中第一个素材的开头、两个素材的中间，以及最后一个素材的结尾处，如图3-104所示。

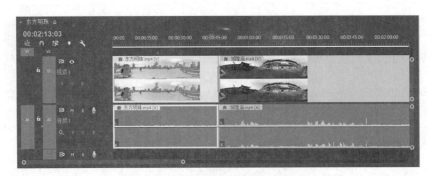

图3-104　添加"叠加溶解"过渡效果

第7步：将"时间线"面板上光标放于过渡效果位置，拖动面板下滚动条放大素材时间线，鼠标置于过渡效果的方块上改变图标，拖动即可延长或缩短"叠加溶解"过渡效果持续时间，如图3-105所示。

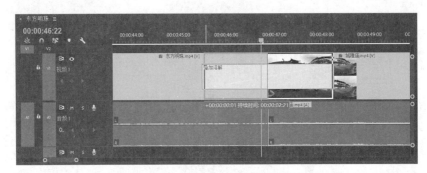

图3-105　延长过渡效果持续时间

第8步：保存场景，在"节目监视器"面板中观看过渡最终效果，如图3-106所示。

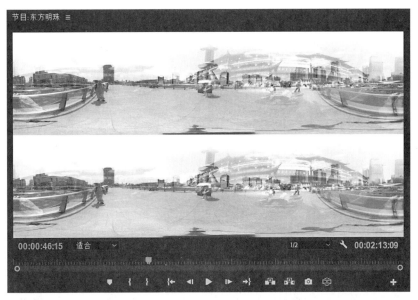

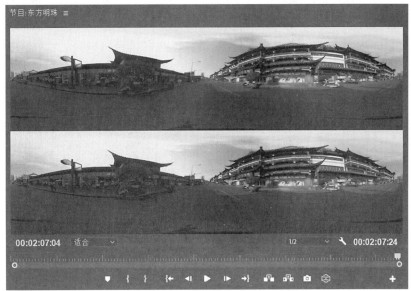

图3-106　案例最终效果图

3.4.4　渐隐过渡

第1步：运行Premiere Pro CC，新建一个项目，命名为"案例014.prproj"，设置序列参数。

第2步：在"项目"面板中导入VR素材"外滩.mp4""豫园.mp4"，以图标视图方式查看，如图3-107所示。

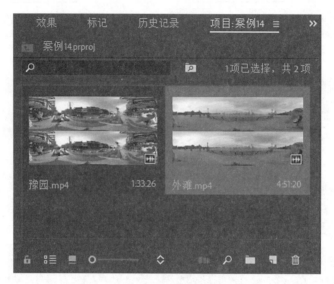

图 3-107 "项目"面板显示 VR 素材

第 3 步：然后将"项目"面板中的 VR 素材"外滩.mp4"拖拽到"时间线"面板的 V1 轨道中，如图 3-108 所示。

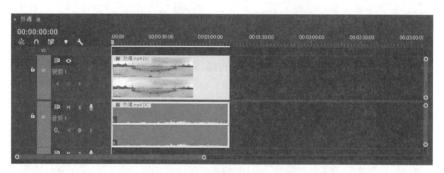

图 3-108 添加 VR 素材至时间线

第 4 步：从"项目"面板中拖拽 VR 素材"豫园.mp4"至"时间线"面板的 V1 轨道中，放于前一视频素材之后，如图 3-109 所示。

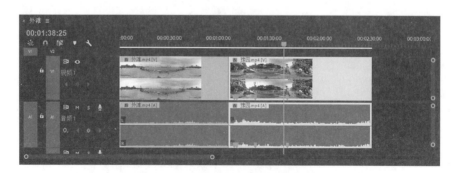

图 3-109 添加第二个 VR 素材至时间线

第5步：在工具栏中选择"滚动编辑工具"，在"时间线"面板中，单击并向后拖动两个片段的交界处，如图3-110所示。

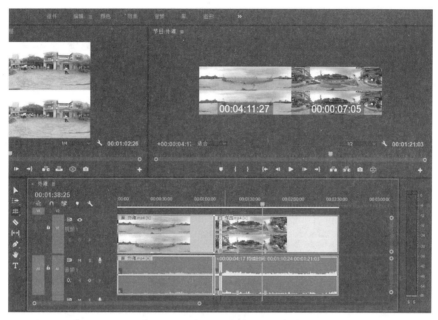

图3-110　执行"滚动编辑"命令

第6步：激活"效果"面板，选择"视频过渡＞溶解＞渐变为黑色"特效，将其拖至"时间线"面板V1轨道中第一个素材的开头和最后一个素材的结尾处，如图3-111所示。

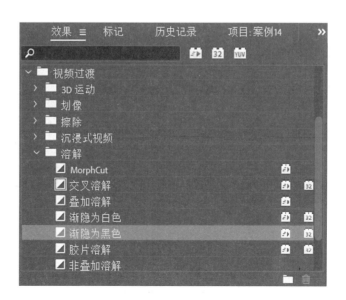

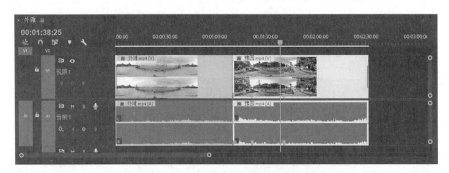

图3-111　添加"渐变为黑色"过渡效果

第7步：在"时间线"面板拖拽第一个"溶解"特效的尾端延长时间至3秒15帧，如图3-112所示。

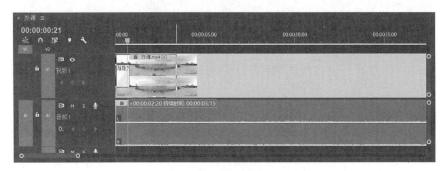

图3-112　延长过渡效果持续时间

第8步：在"时间线"面板拖拽第二个"溶解"特效的尾端延长时间至3秒15帧，如图3-113所示。

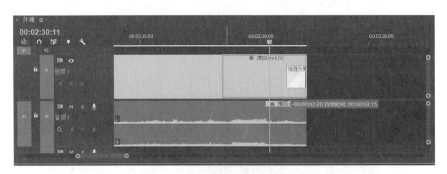

图3-113　延长过渡效果持续时间

第9步：在"效果"面板中，选择"视频过渡＞溶解＞渐变为白色"特效，将其拖至"时间线"面板V1轨道中两段VR素材的中间，如图3-114所示。

第10步：保存场景，在"节目监视器"面板中观看过渡最终效果，如图3-115所示。

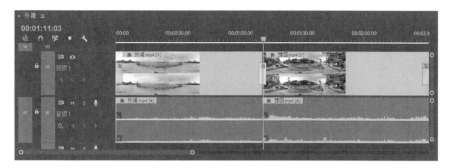

图3-114 添加"渐变为白色"过渡效果

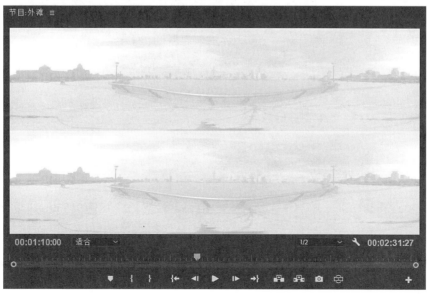

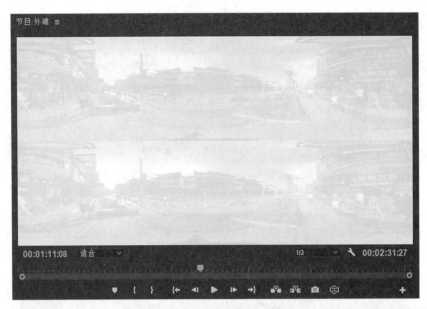

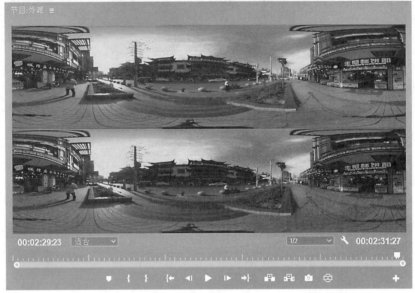

图3-115　案例最终效果图

3.4.5　胶片溶解

第1步：运行Premiere Pro CC，新建一个项目，命名为"案例015.prproj"，设置序列参数。

第2步：在"项目"面板中导入VR素材"喷泉.mp4""石库门.mp4"，以图标视图方式查看，如图3-116所示。

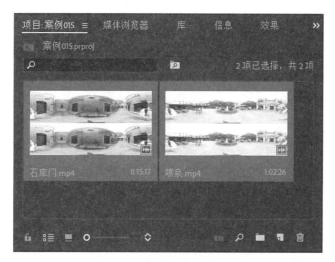

图3-116　"项目"面板显示VR素材

第3步：然后将"项目"面板中的VR素材"喷泉.mp4"拖拽到"时间线"面板的V1轨道中，如图3-117所示。

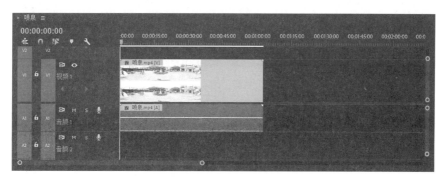

图3-117　添加VR素材至时间线

第4步：从"项目"面板中拖拽VR素材"石库门.mp4"，到"时间线"面板的V1轨道中，放于前一视频素材之后，如图3-118所示。

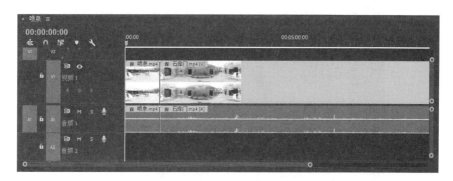

图3-118　添加第二个VR素材至时间线

第5步：在工具栏中选择"滚动编辑工具"，在"时间线"面板中，单击并向后拖动两个片段的交界处，如图3-119所示。

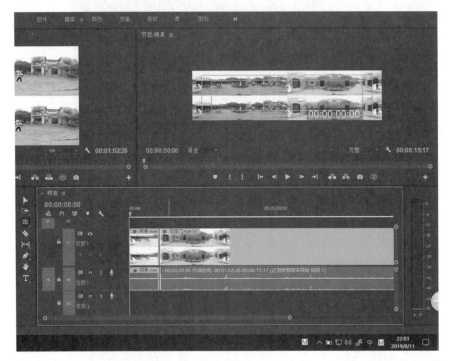

图3-119 执行"滚动编辑"命令

第6步：激活"效果"面板，选择"视频过渡 > 溶解 > 胶片溶解"特效，将其拖至"时间线"面板V1轨道中两个素材的中间，如图3-120所示。

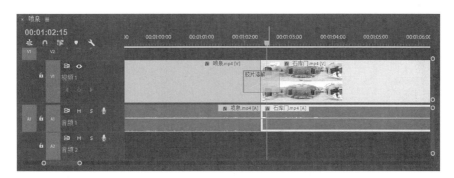

图3-120　添加"胶片溶解"过渡效果

第7步：将"时间线"面板上光标放于过渡效果位置，拖动面板下滚动条放大素材时间线，鼠标置于过渡效果的方块上改变图标，拖动即可延长或缩短"胶片溶解"过渡效果持续时间，如图3-121所示。

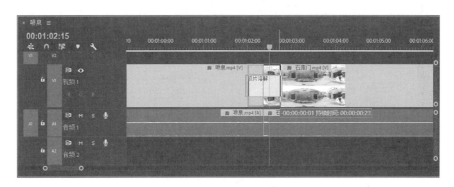

图3-121　延长过渡效果持续时间

第8步：保存场景，在"节目监视器"面板中观看过渡最终效果，如图3-122所示。

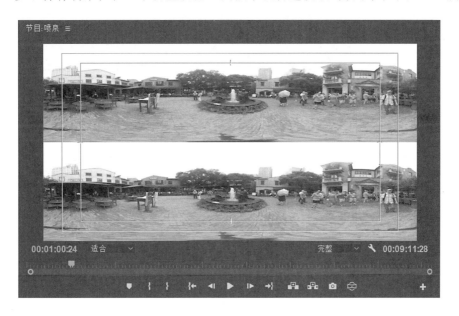

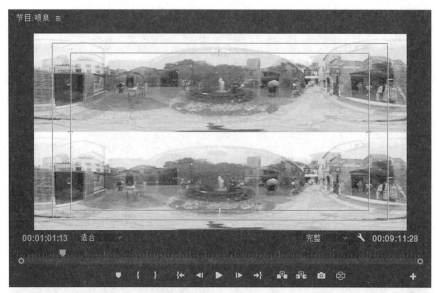

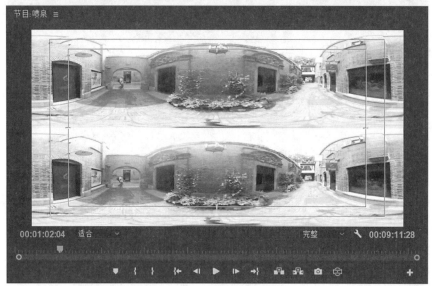

图3-122　案例最终效果图

3.4.6　VR光圈擦除

第1步：运行Premiere Pro CC，新建一个项目，命名为"案例016.prproj"，设置序列参数。

第2步：在"项目"面板中导入VR素材"陆家嘴.mp4""建筑群.mp4"，以图标视图方式查看，如图3-123所示。

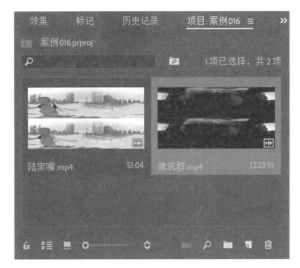

图3-123　"项目"面板显示VR素材

第3步：然后将"项目"面板中的VR素材"陆家嘴.mp4"拖拽到"时间线"面板的V1轨道中，如图3-124所示。

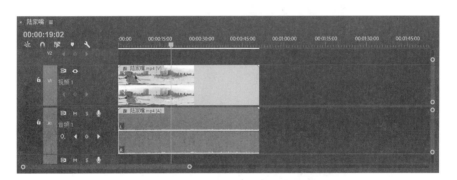

图3-124　添加VR素材至时间线

第4步：从"项目"面板中拖拽VR素材"建筑群.mp4"，到"时间线"面板的V1轨道中，放于前一视频素材之后，如图3-125所示。

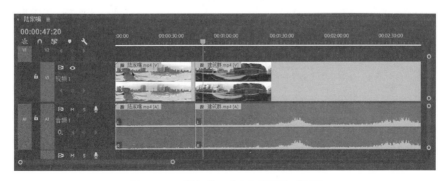

图3-125　添加第二个VR素材至时间线

第5步：在工具栏中选择"剃刀"工具，在"时间线"面板中，对两个视频素材进行适当裁剪，删去不需要的部分，如图3-126所示。

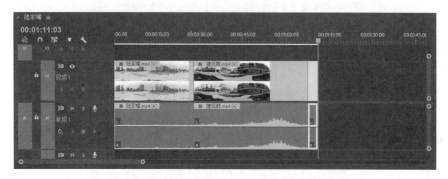

图3-126 "剃刀"工具VR素材裁剪

第6步：激活"效果"面板，选择"视频过渡 > 沉浸式视频 > VR光圈擦除"特效，将其拖至"时间线"面板V1轨道中第一个素材前端、两个素材的中间和第二个素材的后端，如图3-127所示。

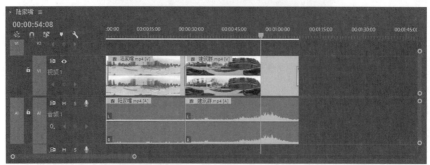

图3-127 添加"VR光圈擦除"过渡效果

第7步：在"时间线"面板拖拽第一个"沉浸式视频"特效的尾端延长时间至3秒10帧，如图3-128所示。

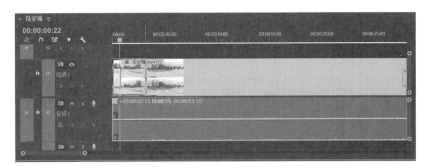

图3-128　延长过渡效果持续时间

第8步：在"时间线"面板拖拽第二个"沉浸式视频"特效的中端延长时间至2秒15帧，如图3-129所示。

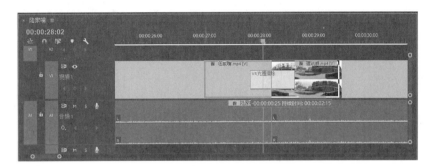

图3-129　延长过渡效果持续时间

第9步：鼠标选中第一个"沉浸式视频"特效，打开"效果控件"面板，由于VR素材是上下双目排布，所以要在该过渡特效的"帧布局"中选择"立体-上/下"，如图3-130所示。

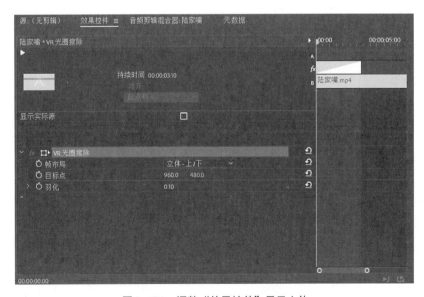

图3-130　调整"效果控件"显示立体

第10步：同理，鼠标选中第二、三个"沉浸式视频"特效，分别打开"效果控件"面板，在"帧布局"中选择"立体-上/下"，如图3-131所示。

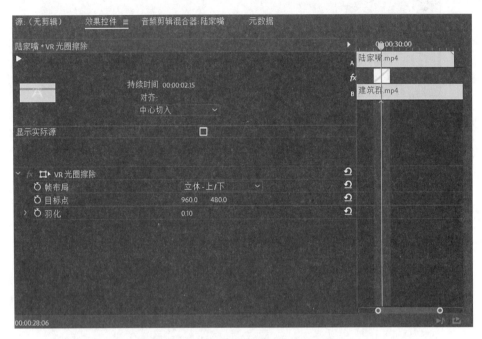

图3-131　调整"效果控件"显示立体

第11步：保存场景，在"节目监视器"面板中观看过渡最终效果，如图3-132所示。

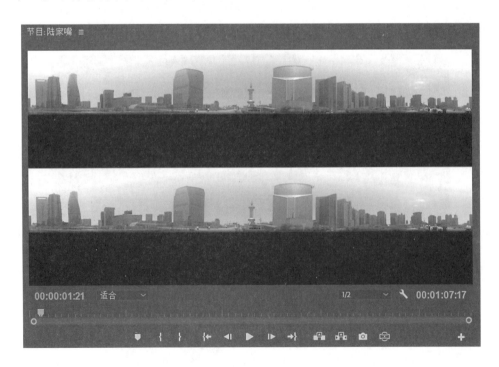

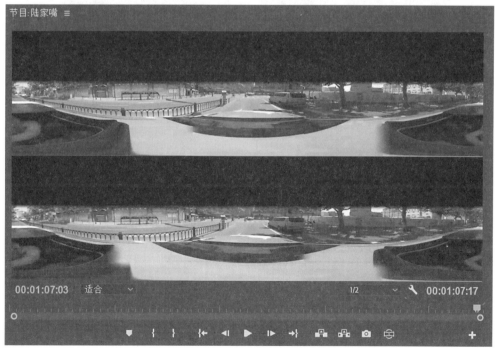

图3-132 案例最终效果图

第12步：在"节目监视器"面板中，点击"切换VR显示"按钮 ，观看在VR360°环境中的过渡效果，如图3-133所示。

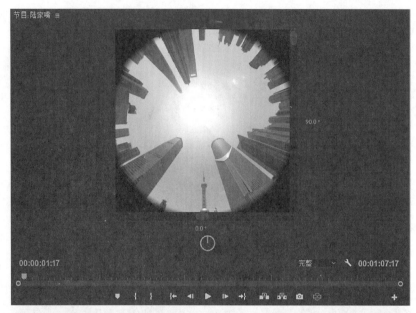

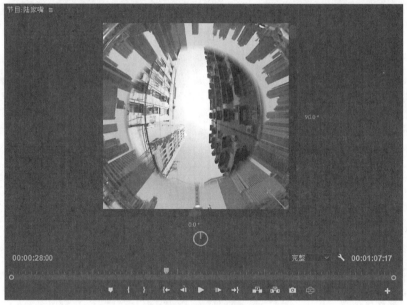

图3-133　VR显示下案例最终效果图

3.4.7　VR渐变擦除

第1步：运行Premiere Pro CC，新建一个项目，命名为"案例017.prproj"，设置序列参数。

第2步：在"项目"面板中导入VR素材"高楼.mp4""车拍马路.mp4"，以图标视图方式查看，如图3-134所示。

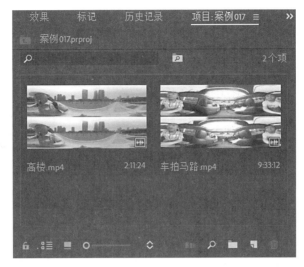

图3-134　"项目"面板显示VR素材

　　第3步：然后将"项目"面板中的VR素材"高楼.mp4"拖拽到"时间线"面板的V1轨道中，如图3-135所示。

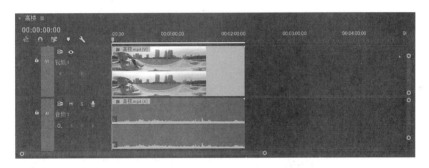

图3-135　添加VR素材至时间线

　　第4步：从"项目"面板中拖拽VR素材"车拍马路.mp4"，到"时间线"面板的V1轨道中，放于前一视频素材之后，如图3-136所示。

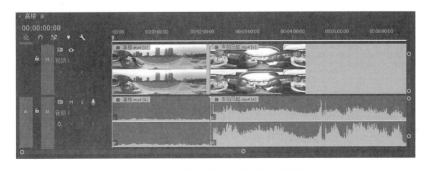

图3-136　添加第二个素材至时间线

第5步：在工具栏中选择"剃刀"工具，在"时间线"面板中，对两个视频VR素材进行适当裁剪，删去不需要的部分，再顺次排列，如图3-137所示。

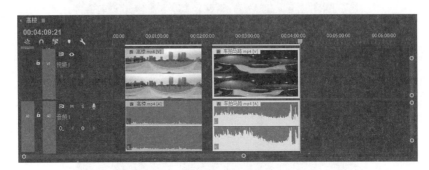

图3-137 "剃刀"工具对VR素材裁剪

第6步：激活"效果"面板，选择"视频过渡>沉浸式视频>VR渐变擦除"特效，将其拖至"时间线"面板V1轨道中第一个素材前端和两个素材的中间，如图3-138所示。

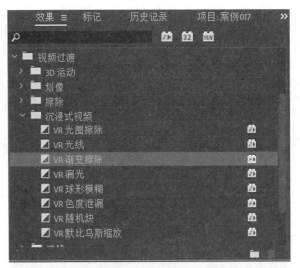

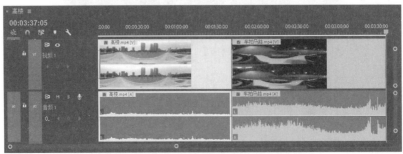

图3-138 添加"VR渐变擦除"过渡效果

第7步：在"时间线"面板拖拽第一个"沉浸式视频"特效的尾端延长时间至5秒05帧，如图3-139所示。

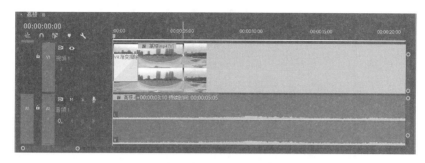

图3-139　延长过渡效果持续时间

第8步：在"时间线"面板拖拽第二个"沉浸式视频"特效的中端延长时间至3秒25帧，如图3-140所示。

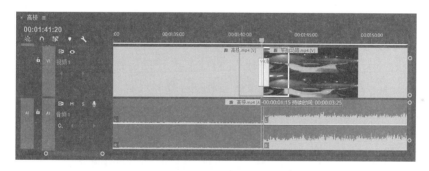

图3-140　延长过渡效果持续时间

第9步：鼠标选中第一个"沉浸式视频"特效，打开"效果控件"面板，由于VR素材是上下双目排布，所以要在该过渡特效的"帧布局"中选择"立体-上/下"，"渐变布局"也选择"立体-上/下"，调整"羽化值"为1.00，使过渡特效更为自然，如图3-141所示。

第10步：同理，用鼠标选中第二个"沉浸式视频"特效，打开"效果控件"面板，在"帧布局"中选择"立体-上/下"，"渐变布局"也选择"立体-上/下"，调整"羽化值"为1.00，勾选"反转渐变"，使过渡特效更为自然，如图3-142所示。

第11步：保存场景，在"节目监视器"面板中观看过渡最终效果，如图3-143所示。

第12步：在"节目监视器"面板中，点击"切换VR显示"按钮，观看过渡在VR360°环境中的效果，如图3-144所示。

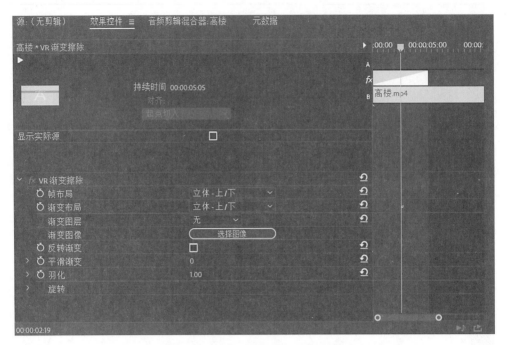

图3-141 调整"效果控件"显示立体

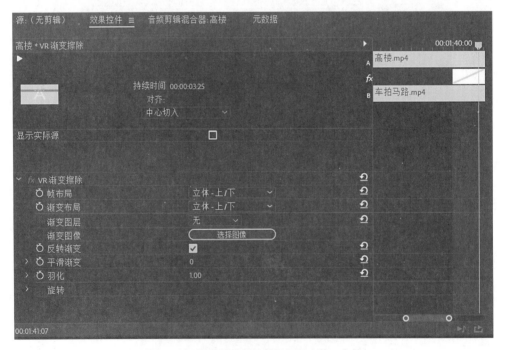

图3-142 调整"效果控件"显示立体、自然

图3-143　案例最终效果图

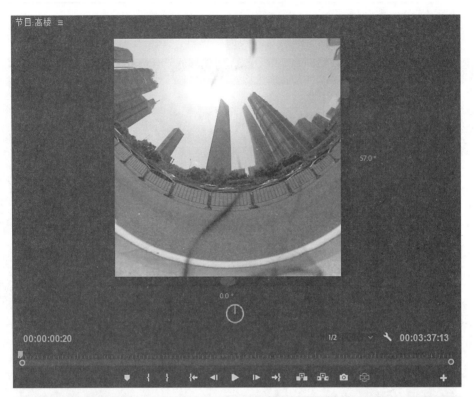

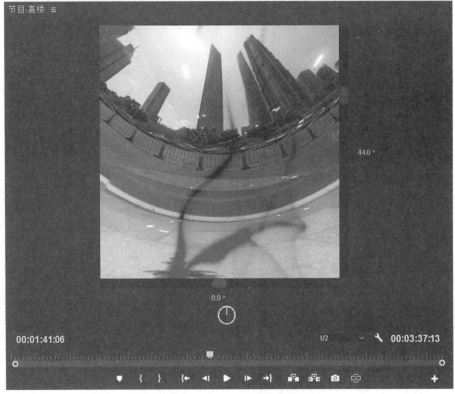

图3-144　VR显示下案例最终效果图

3.4.8　VR光线

第1步：运行Premiere Pro CC，新建一个项目，命名为"案例018.prproj"，设置序列参数。

第2步：在"项目"面板中导入VR素材"豫园.mp4""城隍庙.mp4"，以图标视图方式查看，如图3-145所示。

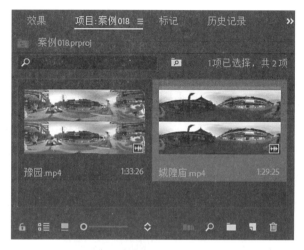

图3-145　"项目"面板显示VR素材

第3步：然后将"项目"面板中的VR素材"豫园.mp4"，在"源监视器"面板中设置入点和出点，拖拽到"时间线"面板的V1轨道中，如图3-146所示。

图 3-146　添加VR素材至时间线

第4步：从"项目"面板中拖拽VR素材"城隍庙.mp4"，在"源监视器"面板中设置入点和出点，到"时间线"面板的V1轨道中，放于前一视频素材之后，如图3-147所示。

图 3-147　添加第二个VR素材至时间线

第5步：激活"效果"面板，选择"视频过渡 > 沉浸式视频 > VR光线"特效，将其拖至"时间线"面板V1轨道中两个素材的中间处，并将该特效持续时间延长至2秒15帧，如图3-148所示。

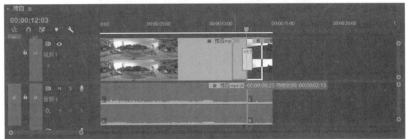

图3-148　添加"VR光线"过渡效果

第6步：鼠标选中该"沉浸式视频"特效，打开"效果控件"面板，由于VR素材是上下双目排布，所以要在该过渡特效的"帧布局"中选择"立体-上/下"，"对齐方式"选择从中心切入，"光线长度"设置为55，调整"亮度阈值"为95，"曝光"为50，使VR光线过渡效果更为自然，给人带来一种清晨阳光的晨曦感，如图3-149所示。

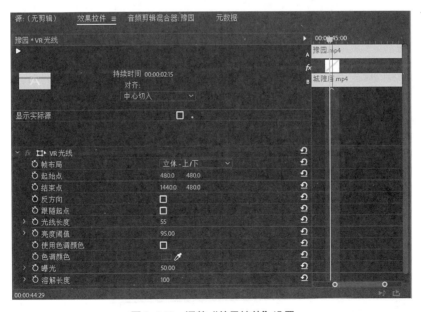

图3-149　调整"效果控件"设置

第7步：保存场景，在"节目监视器"面板中观看过渡最终效果，如图3-150所示。

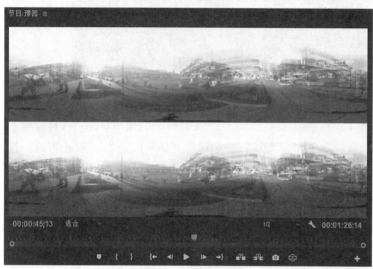

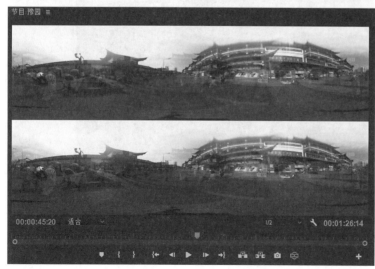

图3-150　案例最终效果图

第8步：在"节目监视器"面板中，点击"切换VR显示"按钮，观看过渡在VR360°环境中效果，如图3-151所示。

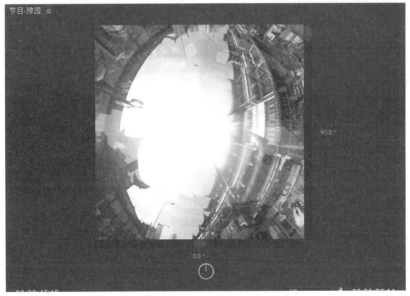

图3-151　VR显示下案例最终效果图

3.4.9　VR漏光

第1步：运行Premiere Pro CC，新建一个项目，命名为"案例019.prproj"，设置序列参数。

第2步：在"项目"面板中导入VR素材"高楼.mp4""建筑群.mp4"，以图标视图方式查看，如图3-152所示。

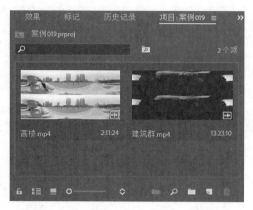

图3-152 "项目"面板口显示VR素材

第3步：然后将"项目"面板中的VR素材"高楼.mp4"，在"源监视器"面板中设置入点和出点，拖拽到"时间线"面板的V1轨道中，如图3-153所示。

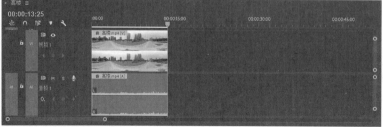

图3-153 添加VR素材至时间线

第4步：从"项目"面板中拖拽VR素材"建筑群.mp4"，在"源监视器"面板中设置入点和出点，到"时间线"面板的V1轨道中，放于前一视频素材之后，如图3-154所示。

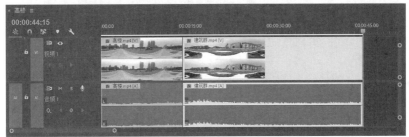

图3-154 添加第二个VR素材至时间线

第5步：激活"效果"面板，选择"视频过渡 > 沉浸式视频 > VR漏光"特效，将其拖至"时间线"面板V1轨道中两个素材的中间，如图3-155所示。

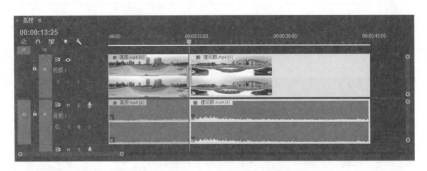

图3-155 添加"VR漏光"过渡效果

第6步：鼠标选中该"沉浸式视频"特效，打开"效果控件"面板，由于VR素材是上下双目排布，所以要在该过渡特效的"帧布局"中选择"立体-上/下"，过渡效果"持续时间"修改为1秒25帧，"对齐方式"选择从中心切入，"泄露基本色相"设置为40，调整"泄露强度"为35，"泄露曝光度"为10，使VR漏光的过渡效果更为自然，如图3-156所示。

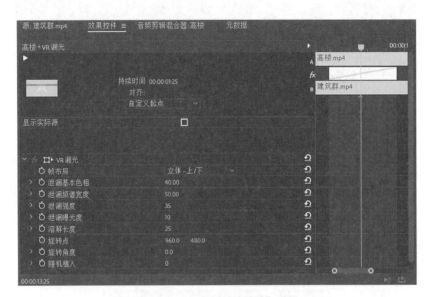

图3-156 调整"效果控件"设置

第7步：保存场景，在"节目监视器"面板中观看过渡最终效果，如图3-157所示。

第8步：在"节目监视器"面板中，点击"切换VR显示"按钮，观看过渡在VR360°环境中效果，如图3-158所示。

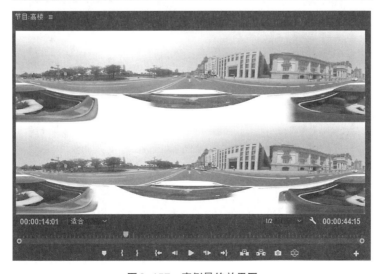

图3-157　案例最终效果图

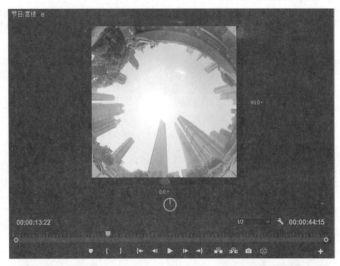

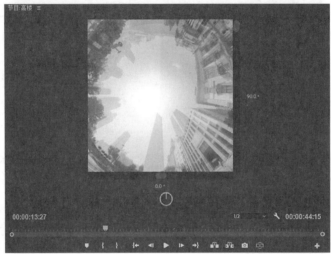

图3-158　VR显示下案例最终效果图

3.4.10　VR球形模糊

第1步：运行Premiere Pro CC，新建一个项目，命名为"案例020.prproj"，设置序列参数。

第2步：在"项目"面板中导入VR素材"陆家嘴.mp4""东方明珠.mp4"，以图标视图方式查看，如图3-159所示。

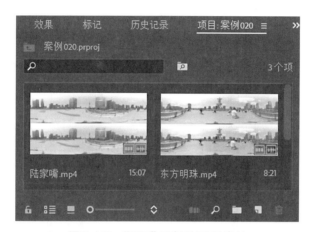

图3-159　"项目"面板显示VR素材

第3步：然后将"项目"面板中的VR素材"陆家嘴.mp4"，在"源监视器"面板中设置入点和出点，拖拽到"时间线"面板的V1轨道中，如图3-160所示。

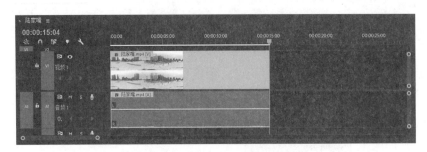

图3-160　添加VR素材至时间线

第4步：从"项目"面板中拖拽VR素材"东方明珠.mp4"，在"源监视器"面板中设置入点和出点，拖拽到"时间线"面板的V1轨道中，放于前一视频素材之后，如图3-161所示。

图3-161　添加第二个VR素材至时间线

第5步：激活"效果"面板，选择"视频过渡 > 沉浸式视频 > VR球形模糊"特效，将其拖至"时间线"面板V1轨道中两个素材的中间，如图3-162所示。

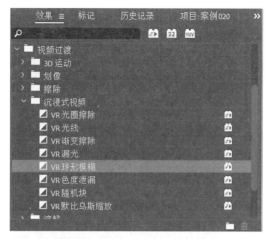

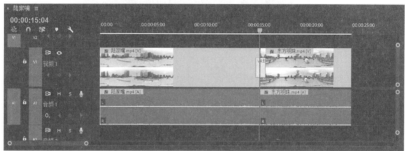

图 3-162　添加"VR 球形模糊"过渡效果

第 6 步：鼠标选中"沉浸式视频"特效，打开"效果控件"面板，过渡效果"持续时间"修改为 1 秒 20 帧，"对齐方式"选择自定义起点，"帧布局"选择"立体-上 / 下"，"模糊强度"设置为 10，调整"曝光"为 20，使 VR 球形模糊的过渡效果更为自然，展示出一种时空穿梭之美，如图 3-163 所示。

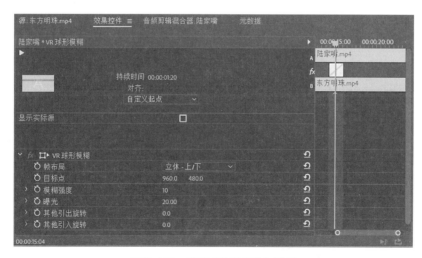

图 3-163　调整"效果控件"设置

第7步：保存场景，在"节目监视器"面板中观看过渡最终效果，如图3-164所示。

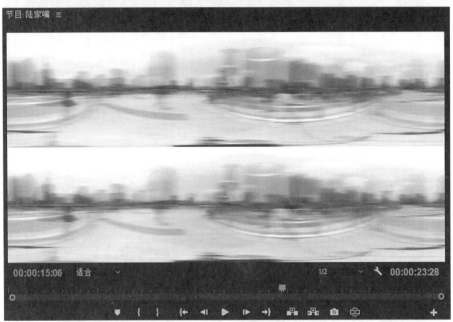

图3-164　案例最终效果图

第8步：在"节目监视器"面板中，点击"切换VR显示"按钮，观看过渡在VR360°环境中效果，如图3-165所示。

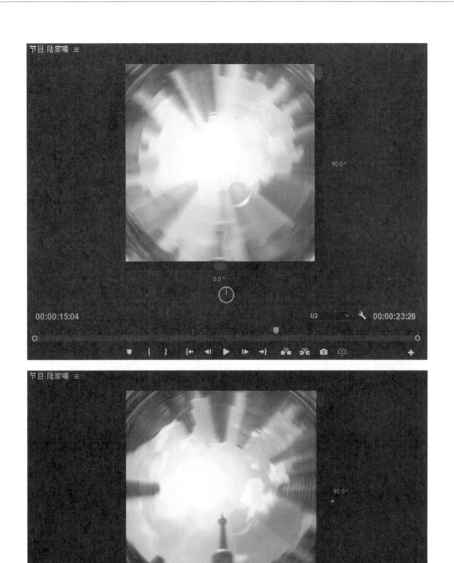

图3-165　VR显示下案例最终效果图

3.4.11　VR色度泄露

第1步：运行Premiere Pro CC，新建一个项目，命名为"案例021.prproj"，设置序列参数。

第2步：在"项目"面板中导入VR素材"外滩.mp4""车拍马路.mp4"，以图标视图方式查看，如图3-166所示。

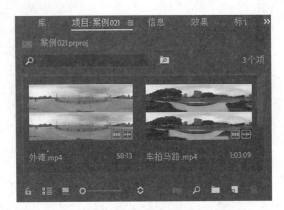

图3-166　"项目"面板显示VR素材

第3步：然后将"项目"面板中的VR素材"外滩.mp4"，在"源监视器"面板中设置入点和出点，拖拽到"时间线"面板的V1轨道中，如图3-167所示。

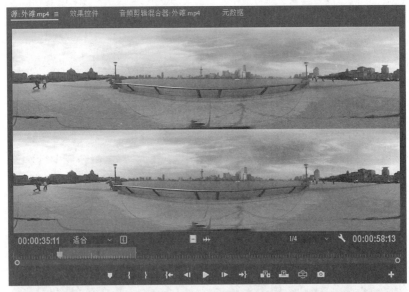

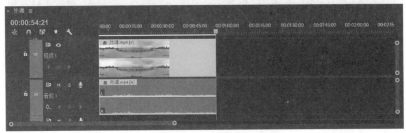

图3-167　添加VR素材至时间线

第4步：从"项目"面板中拖拽VR素材"车拍马路.mp4"，在"源监视器"面板中设置入点和出点，到"时间线"面板的V1轨道中，放于前一视频素材之后，如图3-168所示。

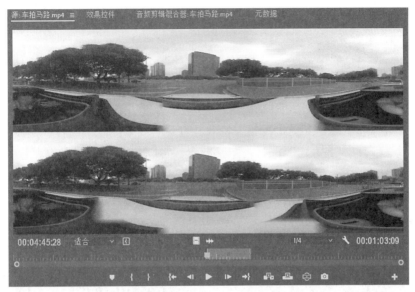

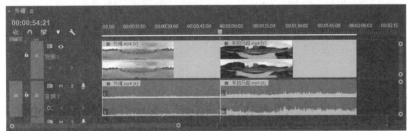

图3-168　添加第二个VR素材至时间线

第5步：激活"效果"面板，选择"视频过渡 > 沉浸式视频 > VR色度泄露"特效，将其拖至"时间线"面板V1轨道中两个素材的中间，如图3-169所示。

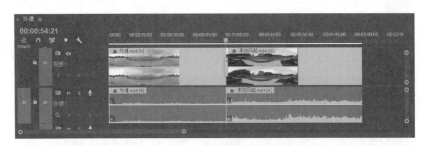

图3-169　添加"VR色度泄露"过渡效果

第6步：鼠标选中该"沉浸式视频"特效，打开"效果控件"面板，过渡效果"持续时间"修改为2秒，"对齐方式"选择自定义起点，"帧布局"选择"立体-上/下"，"水平泄露强度"设置为50，"垂直泄露强度"为10，调整"亮度阈值"为50，"泄露亮度"为15，"泄露饱和度"为80，使VR色度泄露的过渡效果更为自然，色度趋于实景拍摄画面，使人身临其境，如图3-170所示。

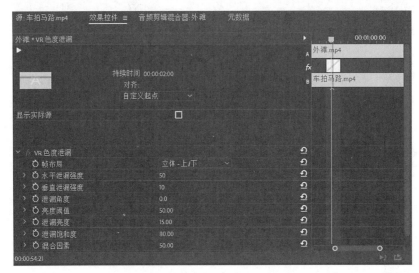

图3-170　调整"效果控件"设置

第7步：保存场景，在"节目监视器"面板中观看过渡最终效果，如图3-171所示。

第8步：在"节目监视器"面板中，点击"切换VR显示"按钮，观看过渡在VR360°环境中效果，如图3-172所示。

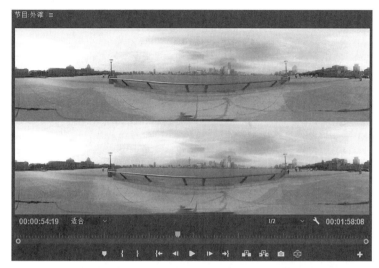

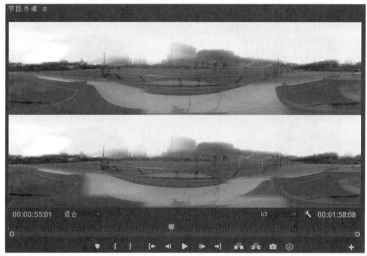

图3-171　案例最终效果图

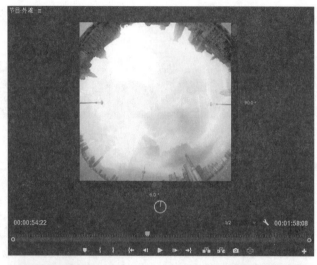

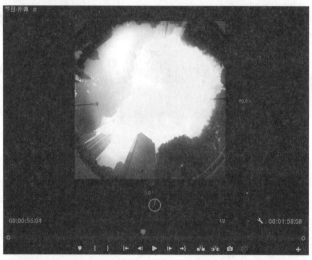

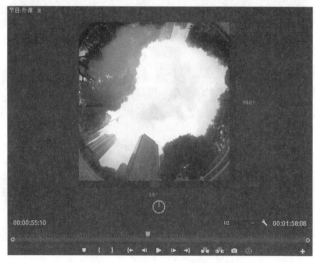

图3-172　VR显示下案例最终效果图

3.4.12 VR随机块

第1步：运行Premiere Pro CC，新建一个项目，命名为"案例022.prproj"，设置序列参数。

第2步：在"项目"面板中导入VR素材"石库门.mp4""城隍庙.mp4"，以图标视图方式查看，如图3-173所示。

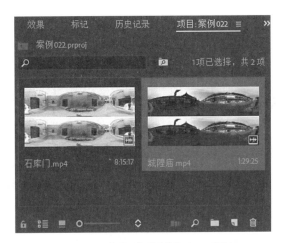

图3-173 "项目"面板显示VR素材

第3步：然后将"项目"面板中的VR素材"石库门.mp4"，在"源监视器"面板中设置入点和出点，拖拽到"时间线"面板的V1轨道中，如图3-174所示。

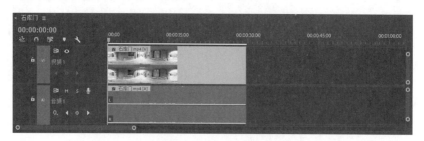

图3-174　添加VR素材至时间线

第4步：从"项目"面板中拖拽VR素材"城隍庙.mp4"，在"源监视器"面板中设置入点和出点，到"时间线"面板的V1轨道中，放于前一视频素材之后，如图3-175所示。

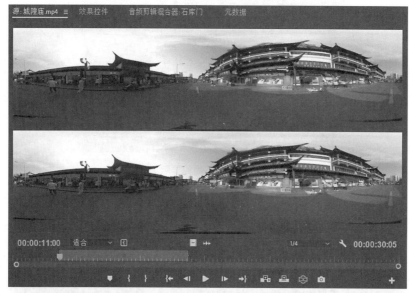

图3-175　添加第二个VR素材至时间线

第5步：激活"效果"面板，选择"视频过渡 > 沉浸式视频 > VR随机块"特效，将其拖至"时间线"面板V1轨道中两个素材的中间，如图3-176所示。

第6步：鼠标选中该"沉浸式视频"特效，打开"效果控件"面板，过渡效果"持续时间"修改为3秒20帧，"对齐方式"选择自定义起点，"帧布局"选择"立体-上/下"，

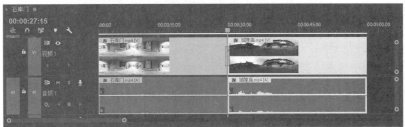

图 3-176　添加"VR 随机块"过渡效果

"块宽度"设置为 50,"块高度"也设置为 50,调整"大小偏差"为 30,"羽化值"为 0.10,使 VR 随机块的过渡效果更为自然,随机出现的块状展示出一种时空穿梭之美,如图 3-177 所示。

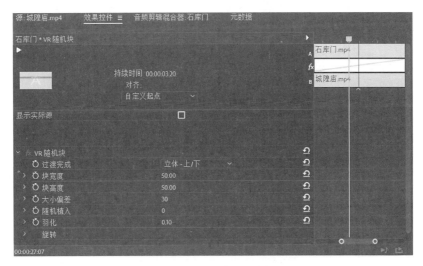

图 3-177　调整"效果控件"设置

第7步：保存场景，在"节目监视器"面板中观看过渡最终效果，如图3-178所示。

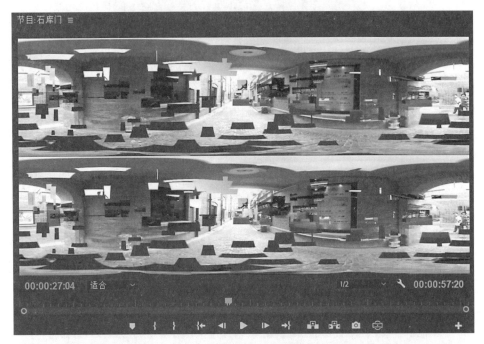

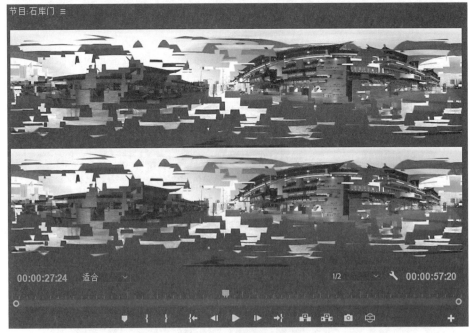

图3-178　案例最终效果图

第8步：在"节目监视器"面板中，点击"切换VR显示"按钮，观看过渡在VR360°环境中效果，如图3-179所示。

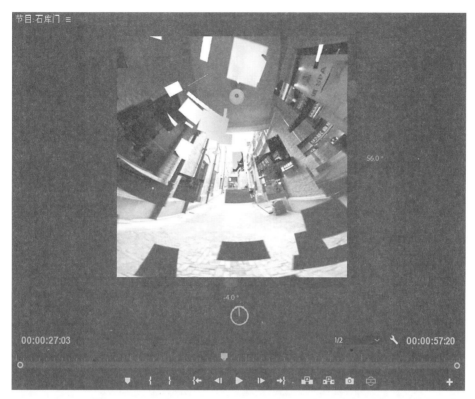

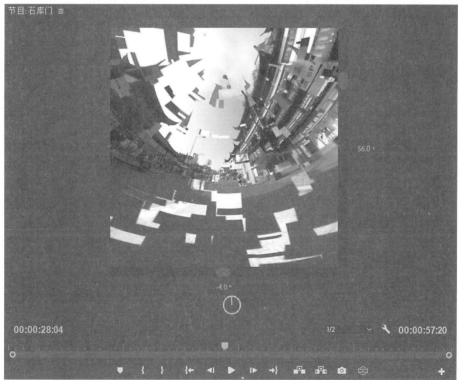

图3-179 VR显示下案例最终效果图

3.4.13　VR默比乌斯缩放

第1步：运行Premiere Pro CC，新建一个项目，命名为"案例023.prproj"，设置序列参数。

第2步：在"项目"面板中导入VR素材"商铺.mp4""喷泉.mp4"，以图标视图方式查看，如图3-180所示。

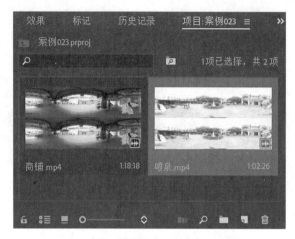

图3-180　"项目"面板显示VR素材

第3步：然后将"项目"面板中的VR素材"商铺.mp4"，在"源监视器"面板中设置入点和出点，拖拽到"时间线"面板的V1轨道中，如图3-181所示。

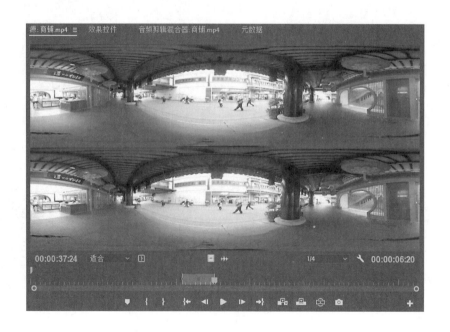

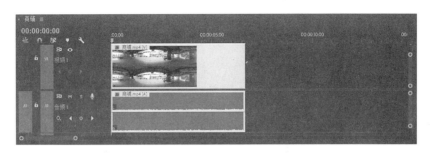

图3-181　添加VR素材至时间线

第4步：从"项目"面板中拖拽VR素材"喷泉.mp4"，在"源监视器"面板中设置入点和出点，到"时间线"面板的V1轨道中，放于前一视频素材之后，如图3-182所示。

图3-182　添加第二个VR素材至时间线

第5步：激活"效果"面板，选择"视频过渡 > 沉浸式视频 > VR默比乌斯缩放"特效，将其拖至"时间线"面板V1轨道中两个素材的中间，如图3-183所示。

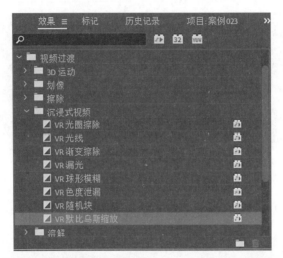

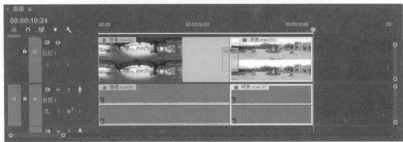

图3-183　添加"VR默比乌斯缩放"过渡效果

第6步：鼠标选中该"沉浸式视频"特效，打开"效果控件"面板，过渡效果"持续时间"修改为1秒25帧，"对齐方式"选择自定义起点，"帧布局"选择"立体-上/下"，"缩小级别"设置为10，"放大级别"也设置为10，调整"羽化值"为1.00，使VR默比乌斯缩放的过渡效果更为自然，如图3-184所示。

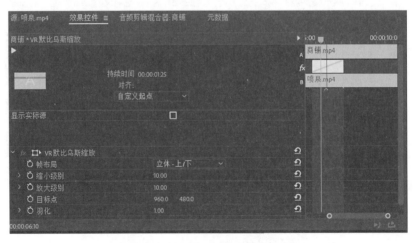

图3-184　调整"效果控件"设置

第7步：保存场景，在"节目监视器"面板中观看过渡最终效果，如图3-185所示。

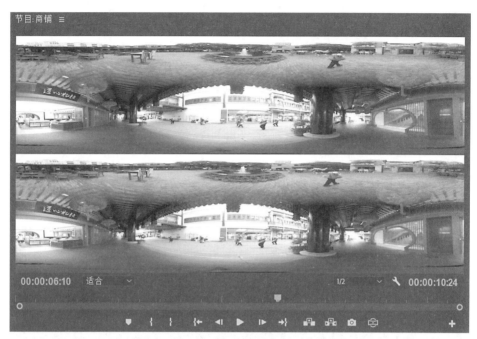

图3-185　案例最终效果图

第8步：在"节目监视器"面板中，点击"切换VR显示"按钮，观看过渡在VR360°环境中效果，如图3-186所示。

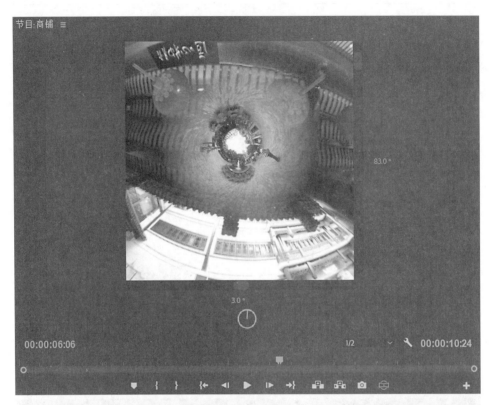

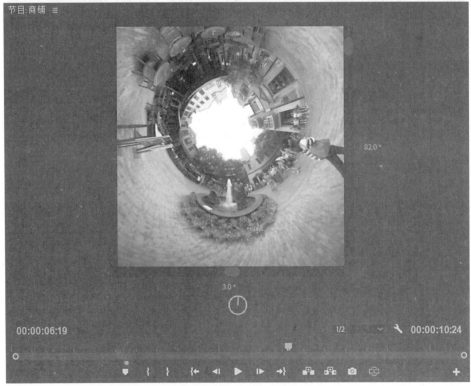

图3-186　VR显示下案例最终效果图

3.5　VR影像字幕制作

字幕是影像剪辑重要的组成部分。字幕在影像作品中有解释画面、传递画面信息、补充画面、美化画面、为画面增光添彩的作用。字幕制作的好坏，直接影响影像作品的观赏性。Premiere 的字幕制作功能强大、专业，可以创建符合专业要求的、各种形式的影像字幕。2018版的 Premiere，对字幕制作做了较大的改动，使用了一种新的字幕制作形式，在工具栏里新增加了一个文字工具，可以直接对画面添加文字，而在制作 VR 字幕时，影像的画面是360°全景的，也可以看作是一个球面，这就要求字幕也要贴合影像画面上的球面，所以并不能简单地制作平面字幕，如图3-187所示。最简单的方法就是使用Premiere中的插件，对字幕进行处理。

图3-187　VR球形字幕展示

3.5.1　球形字幕制作方法

第1步：运行 Premiere Pro CC，新建一个项目，命名为"案例024.prproj"，设置序列参数。

第2步：在"项目"面板中导入VR素材"东方明珠.mp4"，以图标视图方式查看，如图3-188所示。

第3步：从"项目"面板中拖拽VR素材"东方明珠.mp4"，在"源监视器"面板中设置入点和出点，拖拽至"时间线"面板的V1轨道中，如图3-189所示。

第4步：点击工具栏"文字工具"图标 **T**，鼠标箭头变成了插入文字的形状。随后在

图3-188 "项目"面板显示VR素材

图3-189 添加VR素材至时间线

"节目"面板上确定好字幕出现的大致位置后单击，面板中出现了添加字幕的红色框，表示可以直接在框内输入匹配画面的字幕。而同时，在"时间线"面板V2轨道中出现了代表"字幕"的轨道素材，如图3-190所示。

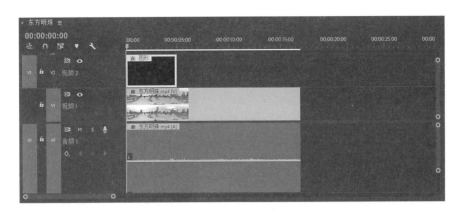

图3-190　使用"文字工具"添加字幕

第5步：在文字输入框内用键盘输入文字"东方明珠是上海的标志性文化景观"，如图3-191所示。

图3-191　输入字幕文字

第6步：调整字幕的字体、大小、颜色、位置等设置。鼠标单击选中时间线V2轨道上的字幕素材，激活"效果控件"面板，在"文本"一栏已经出现了当前字幕，"源文本"字体选择FZShuTi（方正舒体），字体大小设置为82，"外观"勾选填充黑色，勾选描边深蓝色，"位置"改变为横433.7纵816.8，如图3-192所示。

第7步：工具栏切换"文字工具"回到"选择工具"按钮▶，此时"节目"面板字幕上的红框变为蓝色，此时字幕内容无法编辑，但通过"选择工具"拖动字幕条仍可以微调字幕的位置和缩放大小，如图3-193所示。

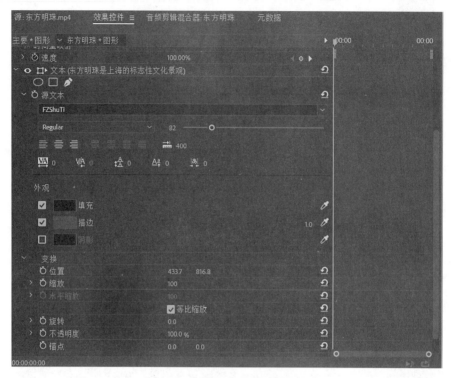

图3-192　调整VR字幕效果设置

图3-193　微调VR字幕的位置和缩放大小

　　第8步："时间线"面板拖动字幕素材尾端，调整持续时间与VR影像素材长度一致，如图3-194所示。

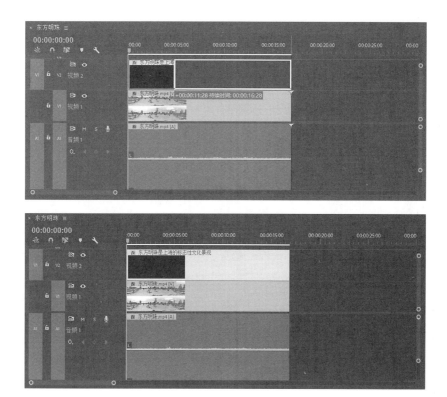

图3-194　调整VR字幕持续时间

第9步：激活"效果"面板，选择"视频效果 > 沉浸式视频 > VR平面到球面"，鼠标拖动效果至"时间线"面板字幕素材上，即使用效果。此时可以发现，"节目"面板上的字幕变成了弯曲的球面形式，如图3-195所示。

图3-195　添加"VR平面到球面"效果

第10步：再次激活"效果控件"面板，查看VR平面到球面效果，"帧布局"切换至立体-上/下，字幕变成了上下两层，符合VR全景双目模式，"缩放"调整为75，如图3-196所示。

第11步：字幕位置和大小发生了变化，用"选择工具"双击"节目"面板上的字幕素材，可以发现字幕通过之前步骤的操作已经变成了"图片"状态，即无法再调整其内容，但使用方向键仍可以调整字幕的位置，鼠标拖动字幕边缘可调整缩放大小，将字幕其调整至合适状态，如图3-197所示。

第12步：保存场景，在"节目监视器"面板中切换"VR视频显示"，播放观看字幕效果，如图3-198所示。

本节所示的方法操作简便，比较适用于日常制作普通的VR影像字幕。但是对于专业的VR影像作品来说，字幕的形式、种类更加丰富，比如放在影像作品的上、下、左、右、前、后等各个方位的；字幕的形态也可以是各种各样的，可能是特定的logo形式的，或者加入广告图片、图标等，面对此类字幕的添加与制作，仅使用Premiere自带的字幕制作工具就显得远远不够了。

所以在这里，推荐专业人员使用一种普适性更强的制作方法，即先用Adobe Photoshop软件制作字幕贴片，放入Autodesk Maya软件贴图在设置好的VR摄像机上，使平面字幕变为贴合VR影像的球面文件，最后将字幕图片放入Adobe Premiere的时间线上，配合影像视频，具体步骤将在3.5.2至3.5.4小节中展示。

图3-196 调整"效果控件"设置

图3-197 调整VR字幕位置、大小

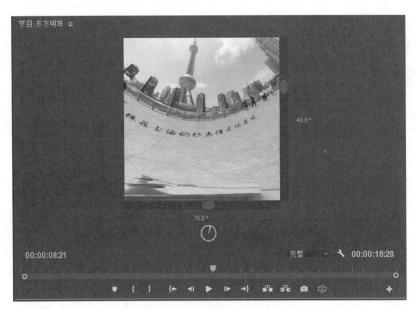

图3-198　VR显示下案例最终效果图

3.5.2　在Photoshop中制作字幕图

　　Adobe Photoshop简称"Ps"，是由Adobe公司开发和发行的图像处理软件，主要处理由像素构成的数字图像。使用其众多的编修与绘图工具，可以有效地进行图片编辑工作。Ps有很多功能，在图像、图形、文字、视频、出版等各方面都有涉及，在这一小节，我们使用Ps来制作字幕图片。

　　第1步：打开Photoshop CC，出现欢迎界面，如图3-199所示。

图3-199　Adobe Photoshop 开始欢迎界面

第2步：单击"新建"打开"新建文档"面板，设置预设详细信息为：字幕图片，宽度和高度设置为289厘米，单击"创建"，如图3-200所示。

图3-200　"新建文档"面板

第3步：界面中间的是画布，右侧激活"图层"面板，单击"创建新图层"按钮，如图3-201所示。

第4步：工具栏单击"文字工具＞排文字工具"，在画布上单击按钮，键盘输入字幕文字"东方明珠是上海的标志性景观"，激活"颜色"面板，修改字体为黑色，字体大小为118，字体样式选择宋体，勾选"居中对齐文本"，如图3-202所示。

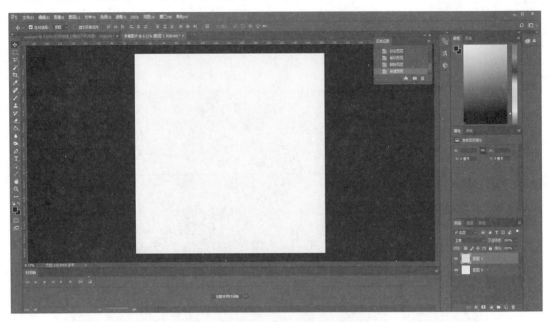

图3-201　在"图层"面板创建新图层

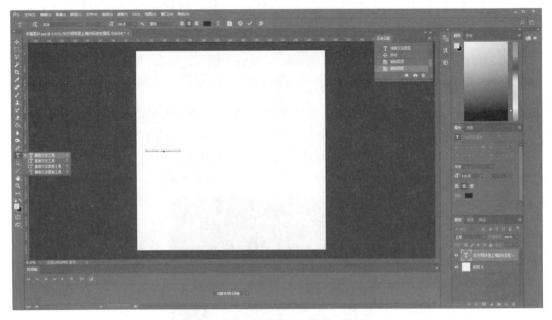

图3-202　使用"横排文字工具"添加文字

　　第5步：工具栏选择"移动工具"按钮 ⊕，选中"文字图层"，将"画布"面板上的字幕放于画布的中心位置，如图3-203所示。

　　第6步：上一小节提到过，字幕除了文字，还有可能会出现彩色图标、logo等元素，所以这里，我们特意在"图层"面板添加彩色的"眼睛"图片，放于字幕中，方便读者选择操作，如图3-204所示。

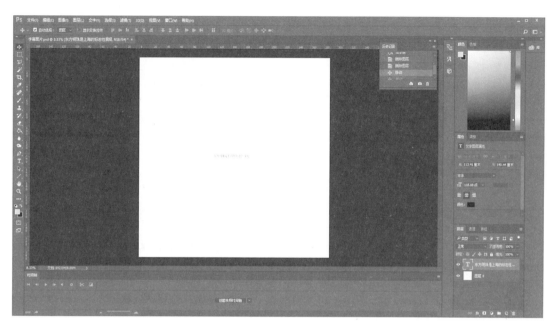

图3-203　使用"移动工具"调整文字位置

图3-204　在"图层"面板添加"眼睛"图片

第7步：导出设置。菜单工具栏选择"文件＞导出＞快速导出为PNG"，打开"存储为"面板，将图片保存为PNG格式，如图3-205所示。

第8步：在"存储为"面板选择图片文件保存位置，修改文件名为"字幕图片1.png"，单击"保存"，如图3-206所示。

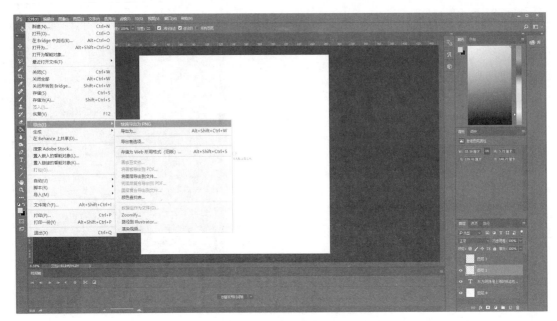

图3-205　导出字幕为PNG图片格式

图3-206　保存字幕图片

由于图片文件要放入Maya进行渲染，所以对于彩色的字幕，除了需要生成一张白底彩色/黑色字幕图片，还需要生成一张"通道图"作为透明背景用（第3.5.2节会详述）。而这张"通道图"必须将需要展示的"字或图标"部分变为白色，其余部分变为黑色，即黑色部分到时候会变透明通道，方法如下。

第9步：鼠标选中"图层"面板内背景图层"图层0"，使用界面左侧工具栏"油漆桶"工具按钮 ⬚，工具栏下方颜色面板选择主颜色为黑色，单击"画布"背景，使背景颜色变为黑色，如图3-207所示。

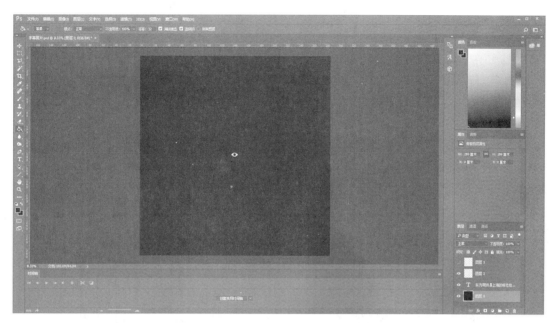

图3-207　使用"油漆桶"工具使背景变黑色

第10步：鼠标选中"图层"面板内字体图层，在"颜色"面板修改"字体颜色"为白色，如图3-208所示。

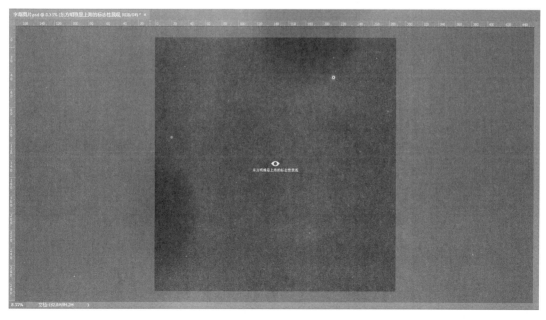

图3-208　修改"字体颜色"为白色

第11步：鼠标选中"图层"面板内图标"眼睛"所在图层（图层2），再次使用界面左侧工具栏"油漆桶"工具按钮，工具栏下方颜色面板选择主颜色为白色，单击"眼睛"图案，使"眼睛"颜色变为白色，如图3-209所示。

图3-209 使用"油漆桶"工具修改颜色

第12步：在"存储为"面板选择图片文件保存位置之前，修改文件名为"字幕图片2.png"，单击"保存"，如图3-210所示。

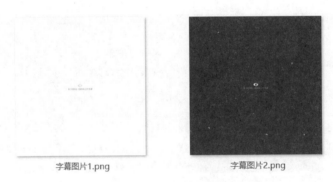

字幕图片1.png   字幕图片2.png

图3-210 VR字幕图片缩略图查看

第13步：保存项目文件，菜单工具栏选择"文件 > 存储"，打开"另存为"对话框，选择文件保存位置，修改文件名，保存为"字幕图片.psd"，单击"保存"。"psd"格式为Ps文件通用格式，之后制作同类字幕只需打开"工程文件"修改"文字图层"即可，如图3-211所示。

图3-211　保存项目文件

3.5.3　在Maya中设置VR虚拟摄像机

AUTODESK MAYA是美国AUTODESK公司出品的世界顶级三维动画软件，应用对象是专业的影像广告、角色动画、电影特技等。Maya功能完善、工作灵活、易学易用、制作效率极高、渲染真实感极强，是电影级别的高端制作软件。

MAYA软件可以提供3D建模、动画、特效和高效的渲染功能。另外MAYA也被广泛地应用到了平面设计（二维设计）领域。MAYA软件的强大功能正是那些设计师、广告主、影像制片人、游戏开发者、视觉艺术设计专家、网站开发人员极为推崇的原因。

由于VR是360°全景的影像，所以在本节中，我们要使用到MAYA来为我们的VR字幕服务。MAYA中可以设置VR摄像机，精准匹配前期VR拍摄设备的参数，通过Arnold渲染器的渲染，任何图片或文字图片都可以变成VR全景，所以本节也是"VR字幕制作"中也是最为关键的一步。

第1步：打开AUTODESK MAYA，出现欢迎界面，如图3-212所示。

第2步：在MAYA界面中，首先设置模拟摄像机，点击菜单栏中的"create > cameras

图3-212　AUTODESK MAYA欢迎界面

> camera"，生成一个虚拟相机，如图3-213所示。

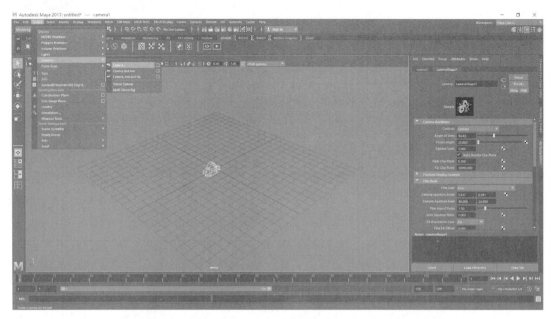

图3-213　设置模拟摄像机

第3步：界面右侧"Attributes > CameraShape"面板找到"Arnold"下拉菜单，选择vr_camera，如图3-214所示。根据实拍相机的所有精准数据——包括传感器数据、镜头焦距等进行还原。

第4步：在MAYA场景中新建一个大的球体作为环境球，使其包围住虚拟相机，给予该球体一个新材质（可选择基础的Lambert材质），新建面片放于摄像机前方，而虚拟摄像机位于球心，球的直径根据实际场景估测，在MAYA中真实还原（MAYA中的默认单位是cm，可通过大致估测控制环境球的大小），如图3-215所示。以上步骤为VR摄像机基础设置，制作而成的MAYA工程文件在资源包内，用户可直接跳过步骤，打开工程文件直接进入第5步。

第5步：点击摄像机前的面片，界面右侧激活"SurfaceShader1"，在"Surface Shader Attributes"中的"Out Color"点击按钮 进入子菜单，如图3-216所示。

第6步：在"Image Name"中点击按钮，选择之前在Ps中制作完成的"字幕图片1"，作为贴图贴于面片上，如图3-217所示。

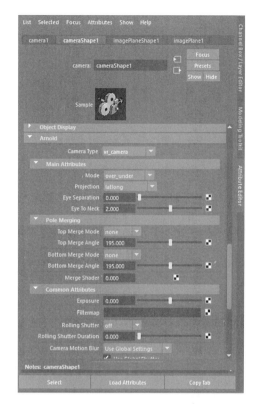

图3-214 "CameraShape"面板

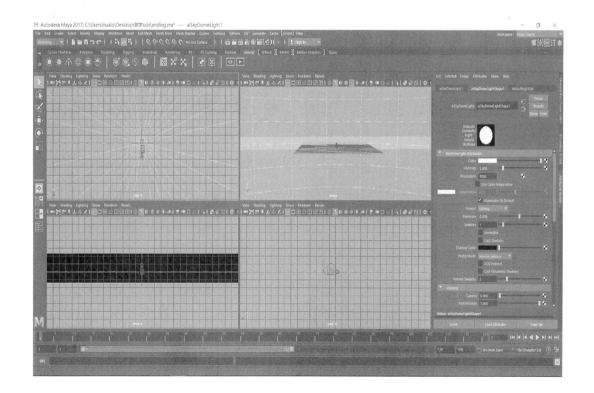

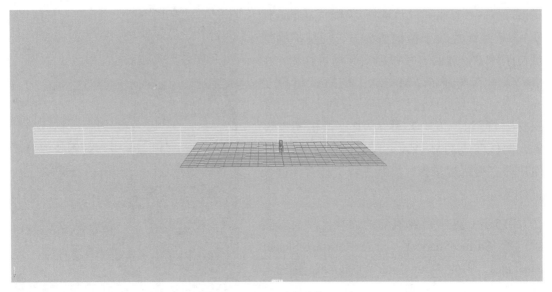

图3-215　MAYA中操作窗口展示

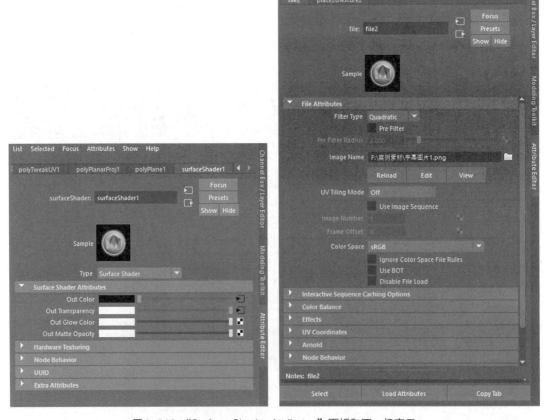

图3-216　"Surface Shader Attributes"面板和下一级窗口

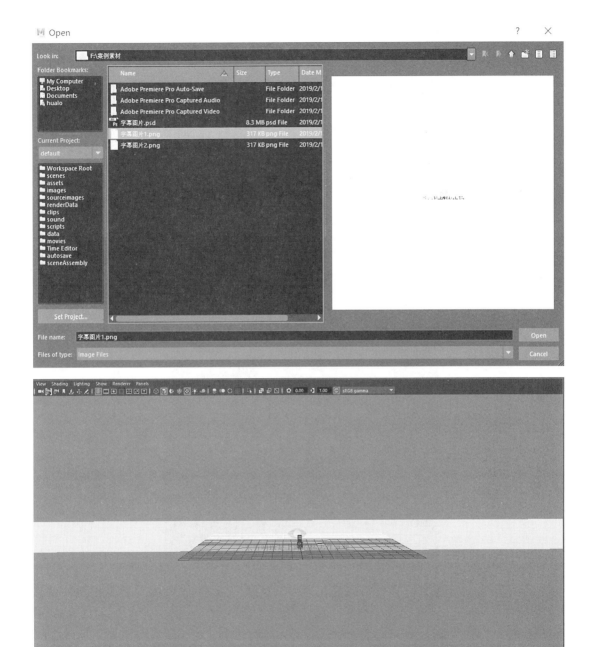

图3-217　将"字幕图片1"贴于面片上的效果

第7步：再次点击摄像机前的面片，界面右侧激活"SurfaceShader1"，在"Surface Shader Attributes"中的"Out Transparency"点击按钮 ▣ 进入子菜单，如图3-218所示。

第8步：进入"Reverse Attributes"子菜单后，在"Input"选项旁继续点击按钮 ▣ 进入下一级子菜单，如图3-219所示。

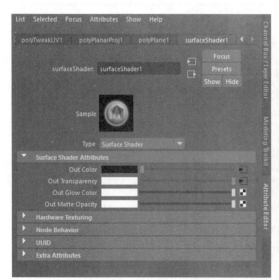
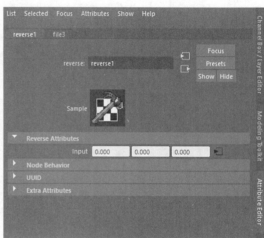

图3-218 "Surface Shader Attributes"和下一级窗口

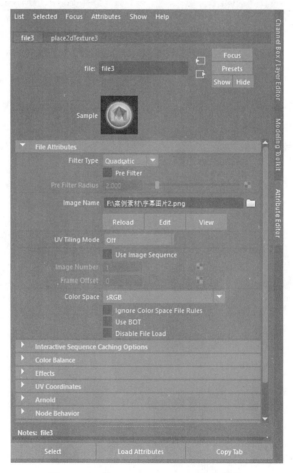

图3-219 "Reverse Attributes"子菜单

第9步：在"Image Name"中点击按钮，选择之前在Ps中制作完成的"字幕图片2"，作为贴图贴于面片上。这张图片是字幕图片的其中一个通道，将背景抠除，如图3-220所示。

图3-220　选择"字幕图片2"作为透明通道贴图

第10步：在菜单栏选择"UV > UV Editor"，打开"UV Editor"对话框，可查看当前字幕图片贴图的位置是否正确，如图3-221所示。

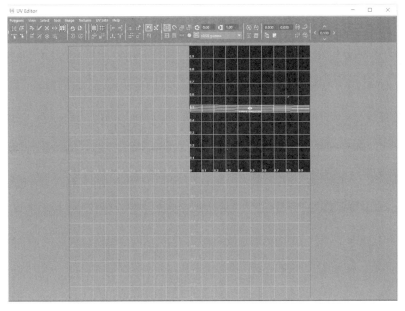

图3-221　"UV Editor"面板对话框

3.5.4 使用Arnold渲染导出字幕

第1步：打开3.5.3节制作的工程文件（选中状态为绿色），如图3-222所示。

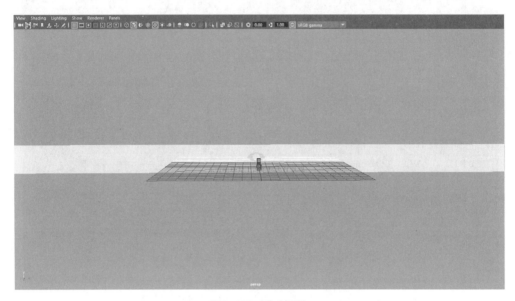

图3-222 选中面片

第2步：在菜单栏找到渲染当前帧"Render the current frame"按钮，单击进入"Render View"面板，如图3-223所示。

图3-223 "Render View"面板

第3步：在"Render View"面板菜单栏中选择"Render > Render > Camera 1"，即选择了设置好的VR摄像机来渲染面片图，字幕出现了上下两行，匹配VR双目，如图3-224所示。

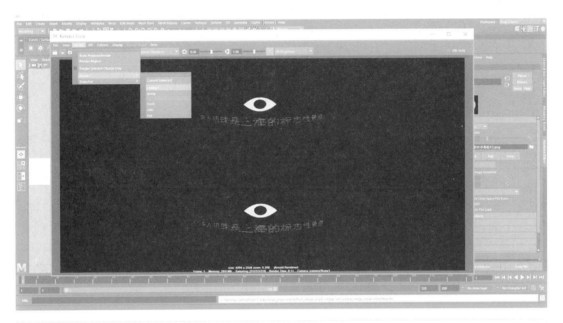

图3-224　"Camera 1"相机下VR字幕效果

第4步：在"Render View"面板菜单栏选择"File > Save Image"，在"Save Image"对话框设置文件名为"字幕1"，保存VR字幕图片为tiff图片格式，如图3-225所示。

图3-225　保存VR字幕图片为tiff格式

第5步：用图片播放器查看"字幕1.tiff"的效果（方格为透明区域），如图3-226所示。

图3-226　"字幕1.tiff"效果图

3.5.5　在Premiere中排列字幕

第1步：打开Premiere Pro CC项目文件"案例024.prproj"，另存为"案例025.prproj"。

第2步：将在3.5.4节制作的"字幕1.tiff"文件和VR素材"东方明珠.mp4"一起导入"项目"面板，如图3-227所示。

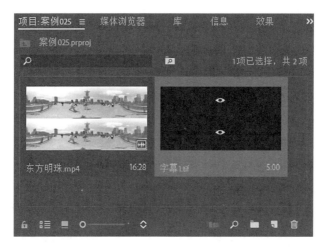

图3-227　"项目"面板显示VR素材

第3步：从"项目"面板中拖拽VR素材"东方明珠.mp4"，在"源监视器"面板中设置入点和出点，拖拽至"时间线"面板的V1轨道中，如图3-228所示。

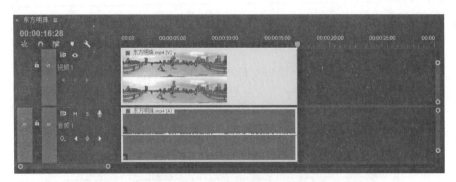

图3-228　添加VR素材至时间线

第4步：从"项目"面板中拖拽素材"字幕1.tiff"至"时间线"面板的V2轨道中，如图3-229所示。

图3-229　添加"字幕1.tiff"素材至时间线

第5步：从"时间线"面板中拖动"字幕1.tiff"素材尾端，调整持续时间与VR影像素材长度一致，如图3-230所示。

图3-230　调整VR字幕持续时间

　　第6步：用"选择工具"双击"节目"面板上的字幕素材，出现了可以调节缩放大小和位置的定位框，拖动鼠标将字幕其调整至合适状态，如图3-231所示。

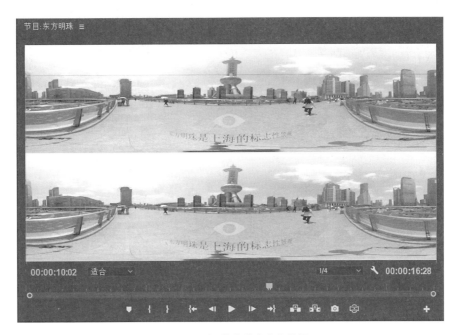

图3-231　调节字幕大小和位置

　　第7步：保存场景，在"节目监视器"面板中切换"VR视频显示"，播放观看字幕效果，如图3-232所示。

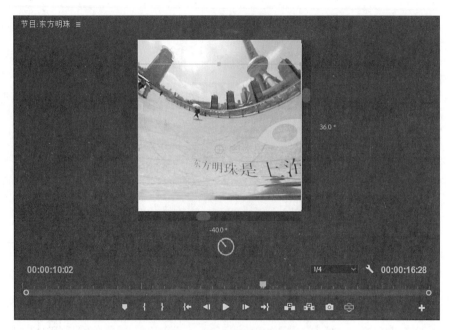

图3-232　VR显示下案例最终效果图

3.5.6　VR字幕过渡

第1步：打开Premiere Pro CC项目文件"案例025.prproj"，另存为"案例026.prproj"。

第2步：在"时间线"面板使用"选择工具"框选中V1、V2轨道上的"东方明珠.mp4"素材和字幕素材，如图3-233所示。

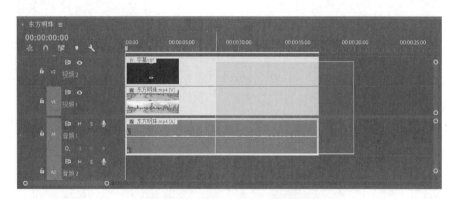

图3-233　在"时间线"面板选中素材

第3步：在素材上用鼠标右键单击，选择"复制"素材，将光标移动至00：00：16：27处，用快捷键Ctrl+v则将素材粘贴到时间线上，排列在原素材的后面，如图3-234所示。

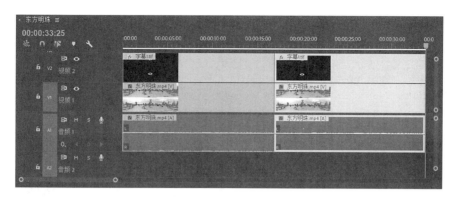

图3-234　在"时间线"面板复制、粘贴素材

第4步：激活"效果"面板，选择"视频过渡＞溶解＞渐隐为黑色"，将效果拖拽至VR影像素材和字幕素材的前端和第二段素材尾端，如图3-235所示。

图3-235　添加"渐隐为黑色"过渡效果

第5步：在"效果"面板选择"视频过渡＞溶解＞交叉溶解"，将效果拖拽至两端影像素材和文字字幕素材的中间处，如图3-236所示。

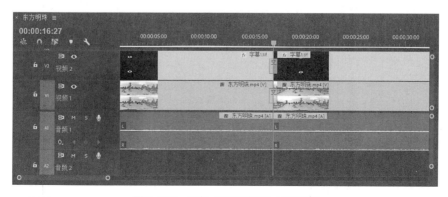

图3-236　添加"交叉溶解"过渡效果

第6步：在"节目监视器"面板中观看VR字幕过渡最终效果，如图3-237所示。

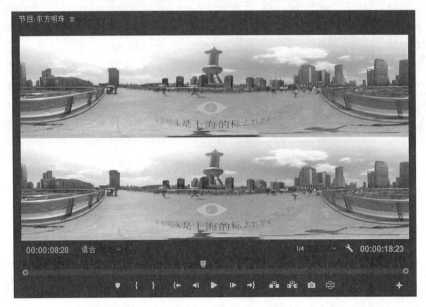

图3-237　案例最终效果图

第7步：在"节目监视器"面板中，点击"切换VR显示"按钮，观看过渡在VR360°环境中效果，如图3-238所示。

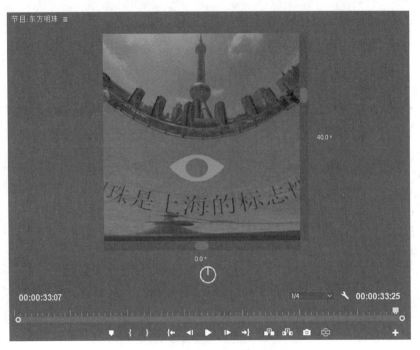

图3-238　VR显示下案例最终效果图

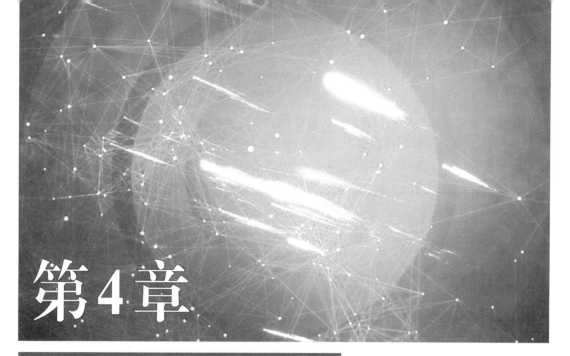

第4章

VR影像特效制作

　　与传统影像的特效相似，VR影像也可以通过制作特效加入一些真实世界并不存在的元素，使画面更加生动有趣。对于VR影像来说，各种特效一直是制作和研究的热点，好的特效元素可以增强影像的视觉效果，引导观众的视觉兴趣区域，使故事情节更加完整，这也是VR影像相较于传统影像的独特之处。本章将从VR影像特效理论基础、特效制作软件介绍、特效项目管理与基本操作、沉浸式特效制作、沉浸式特效制作案例、作品渲染与输出六个方面介绍VR影像的特效制作流程。

4.1　VR影像特效理论基础

　　VR影像特效可以分为2D特效和3D特效。2D特效指的是对实拍素材进行像素化处理、在镜头平面上为素材添加效果等，不需考虑真实空间的合理性。3D特效大体可分为两大类：一类是在计算机3D软件中还原实拍场景，在场景中制作CG物体并渲染出素材，再合成到实拍素材上；另一类是基于同参数VR摄像机建立目标CG场景，将实拍素材进行抠像处理，留出需要的内容，再合成到CG场景的渲染素材上。

　　VR特效除了对实拍素材的像素进行直接处理外，所有需要添加元素的效果，无论2D特效还是3D特效，都需要在3D软件中使用相应的VR虚拟相机进行制作。因为在处理VR

视频的过程中使用的是平面预览模式，这个模式下的素材存在一定的镜头拉伸，为了保证我们添加的素材也有相应的拉伸，必须使用虚拟全景相机进行制作。首先要确定缝合素材的展示模式（3D素材）——横向分屏、纵向分屏和左右眼单独显示。选取VR虚拟相机时，选择与素材相同的展示模式，通过调节双眼距离、眼颈距离等参数使虚拟相机与实拍相机成像匹配，方能在3D软件中进行特效制作[32]。

4.2　VR影像特效制作软件介绍

Adobe After Effects简称"AE"是Adobe公司推出的一款图形视频处理软件，适用于从事设计和视频特技的机构，包括电视台、动画制作公司、个人后期制作工作室，以及多媒体工作室，是目前主流的特效制作软件[32]。

4.2.1　Adobe After Effects CC工作界面介绍

AE与Pr类似，双击快捷方式进入软件后首先出现的是"开始"界面，如图4-1所示，在开始界面可以快速进入近期打开过的项目，也可以直接新建项目。

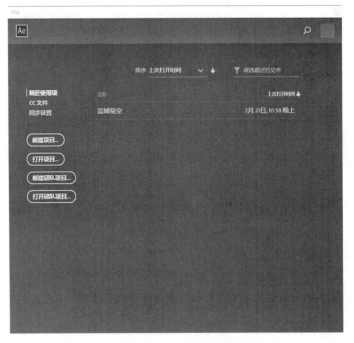

图4-1　AE开始界面

AE工作界面中的面板不仅可以随意关闭和开启，还能任意组合和拆分，可以根据自身的习惯来定制工作界面。用户可以方便地通过菜单和面板相互配合使用，直观地完成视频后期制作。

1."项目"面板

"项目"面板相当于软件的"库"，一般用来储存"时间线"面板编辑合成的原始素材，在开始一个新项目的合成之前，用户可以将所有合成中需要使用的素材通过鼠标左键从文件夹中拖入该面板，也可以通过菜单栏中的"文件 > 导入"工具达到同样的目的。"项目"面板的当前页标签上显示了项目名。"项目"面板分为上下两个部分：下半部分显示的是导入的原始素材，上半部分用于显示选中素材的一些信息。导入素材后，下半部分的素材会以列表形式排列，每列显示素材的名称、类型和大小。在下半部分选中一个素材时，上半部分会显示该素材的信息。这些信息包括图片的分辨率、像素横宽比，视频的分辨率、像素横宽比，持续时间，帧率，色彩空间，编码方式和音频的采样频率、声道等。同时，上半部分还可以显示当前所选素材是否被使用。"项目"面板（未导入素材时）如图4-2所示。

在"项目"面板的左下方，有一组工具按钮，各按钮含义如下。

解释素材 ：选中某一素材，单击该按钮，会弹出"解释素材"对话框，用户可以查看该素材

图4-2　"项目"面板

的帧速率、无丢帧素材长度、源时间码、分离场状态、帧折叠状态、像素长宽比、循环次数、嵌入配置文件的色彩空间等。

新建文件夹 ：左键单击该按钮，会出现一个未命名的新文件夹。通过新建文件夹并对其重命名，用户可以很好地规划素材库的布局，将素材分类整理。通过鼠标左键拖动素材并观察文件的高亮显示框，可以灵活地将素材移入、移出某文件夹。

新建合成 ：该按钮用于新建一个合成。在AE中，为了方便用户后期修改细节，可以建立多个合成，最后将所有合成合并成一个总合成再渲染输出。单击该按钮，会弹出

"合成设置"对话框，用于设置该新建合成的名称、宽高像素、像素长宽比、帧速率、分辨率、开始时间码、持续时间、背景颜色等信息，通过"合成设置"对话框新建一个合成后，在素材库列表中会显示，在之后的特效制作过程中也可以随时调整该合成的具体设置。

删除 🗑 ：该按钮用于删除库中的素材，该按钮对应的快捷键是Delete。

2."监视器"面板

在"监视器"面板中，可以进行素材的精细调整，如进行色彩校正和截取素材片段。Pr默认的"监视器"面板由两个面板组成，左边是"素材源"面板，用于播放原始素材，右边是"节目预览"面板；AE的"监视器"面板是"合成预览"面板与"素材预览"面板的合并面板。"合成预览"面板用于对"时间线"面板中的不同序列内容进行编辑和浏览。在"素材源"面板中，素材的名称显示在左上方的标签页上，单击该标签页的下拉按钮，可以显示当前已经加载的所有素材，可以从中选择并在"素材预览"面板中进行预览和编辑。在"素材预览"面板和"合成预览"面板的下方，有一系列按钮，两个面板中的这些按钮基本相同，它们用于控制面板的显示，并完成预览的功能。

"监视器"面板如图4-3所示。

如图4-4所示，在"监视器"面板最底排图标中，下拉菜单可调节监视器预览图像大小，当合成图像较大时为了避免预览过程中出现卡顿，通常不使用完整比例，可以根据

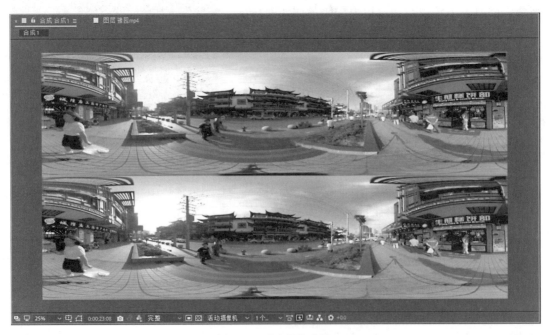

图4-3 "监视器"面板

项目的分辨率调整至二分之一、四分之一或自定义大小。这里的"二分之一"指的是，如果目前合成设置中的画幅是4 096×2 048像素，则我们在"合成预览"面板所看到的预览画幅是2 048×1 024像素。

图4-4　预览画幅调节菜单

　　单击"素材预览"面板右上方的下拉按钮，可以出现一个菜单，如图4-5所示。该菜单综合了"源素材"面板的大多数操作。

　　单击"合成预览"面板右上方的下拉按钮，也可以出现一个菜单，它们前几列的内容基本上是相同的。如图4-6所示，比"素材预览"面板多出的菜单内容基本围绕合成的预览效果给用户一些不同的预览选择。

图4-5　"素材预览"面板操作菜单

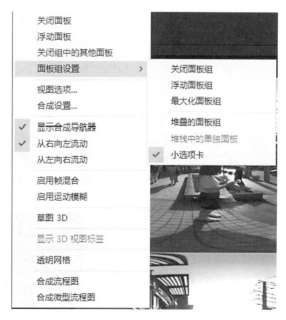

图4-6　"合成预览"面板操作菜单

"素材预览"面板同一时刻只能显示一个单独的素材，如果要查看其他素材需要在"项目"面板中选择想要预览的素材，双击或左键拖入"素材预览"面板。

"合成预览"面板每次只能显示一个单独序列的合成内容，如果要切换显示的内容，可以在节目面板的左上方标签页中选择所需要显示内容的序列。在"监视器"面板中，"素材预览"面板和"合成预览"面板都有相应的控制工具按钮，而且两个面板的按钮基本上类似，都可进行预览、剪辑等操作。

"素材预览"面板下方左边的数字表示当前素材入点的时间位置，中间的数字表示当前所在时间线上的时间位置，右边的数字表示当前素材出点的时间位置。

值得注意的是，"项目"面板和"监视器"面板的上方有一排工具按钮，如图4-7所示，可以对合成内容进行一些常规编辑操作。主要按钮功能如下。

图4-7　工具按钮栏

选取工具：当选取工具呈蓝色时，说明目前用户鼠标左键单击执行的指令为选取，在合成中可以点选不同编辑层，在此状态下可拖动鼠标改变层中的合成内容所在位置。该按钮对应的快捷键是 V。

手形工具：处于手形工具模式下时，鼠标左键拖动预览视图可以将自己关注的细节处移动至合成预览视图的中央，便于查看特效中的具体细节。该按钮对应的快捷键是 H，按住空格键再按鼠标左键可达到同样的效果。

缩放工具：处于缩放工具模式下时，光标在监视器面板会变成放大镜模样，默认状态下放大镜中呈现"＋"，单击"监视器"面板则令预览画幅增大为原来的2倍；按住Alt键后，放大镜中呈现"－"，单击监视器面板则令画幅缩小为原来的1/2。该按钮对应的快捷键是 Z。

旋转工具：当监视器面板显示"素材预览"时，旋转工具图标将处于灰黑状态（即不能使用），只有在显示"合成预览"时，旋转工具图标会变为灰白状态（即可以使用）。处于旋转工具模式下，在"合成预览"面板中左键拖动鼠标，可使当前层素材顺时针（向右拖动）或逆时针（向左拖动）旋转。该按钮对应的快捷键是 W。

统一摄像机工具：长按该按钮会出现下拉菜单，如图4-8所示。当用户建立了一个新图层并打开了其3D开关后，点击默认统一摄像机工具，即可通过鼠标中键、左键和右键进行页面视觉调整。下拉菜单中的其他摄像机工具可根据具体项目情况使用。该按钮对应的快捷键是C。

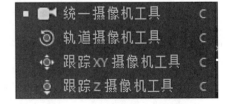

图4-8　统一摄像机工具下拉菜单

向后平移（锚点）工具 ▨：在合成中，每个图层都有锚点，单击该按钮即可移动锚点（包括3D图层），该按钮对应的快捷键是Y。

矩形工具 ▦：与Ps类似，使用该工具在合成预览界面拖动鼠标即在选定图层选择了一个区域蒙版，默认选定区域是可见蒙版。该工具的下拉菜单中还有圆角矩形、椭圆、多边形和星形工具。该按钮对应的快捷键是Q。

钢笔工具 ▨：与Ps类似，使用钢笔工具能在选定图层中画出自己想要的形状，当该形状形成一个封闭的环即形成了一个区域蒙版，默认选定区域是可见蒙版。该工具的下拉菜单中还有添加"顶点"工具、删除"顶点"工具、转换"顶点"工具和蒙版羽化工具。该按钮对应的快捷键是G。

文字工具 ▣：与Ps类似，使用文字工具可在合成预览界面的任意位置添加文字，并在合成项目栏增加一个文字图层。该工具的下拉菜单中还有横排文字工具和直排文字工具，默认态为横排文字工具。该按钮对应的快捷键是Ctrl+T。

Roto 笔刷工具 ▨：类似于Ps的快速蒙版和魔术棒工具，该工具能快速选取需要的素材内容。它是一个位图专用的工具，要选中并双击图层进入图层内部，才能发挥作用。其默认态是叠加的状态，要减去不需要的部分需结合Alt来操作。该工具的下拉菜单中还有一个调整边缘工具，用于调整边缘的细节。

在"素材预览"面板底端中部有一些按钮。

标记入点 ▨：单击该按钮，对素材设置入点，用于剪辑。在当前位置，单击则指定为入点，时间指示器在相应位置出现，当拖动时间线后，按快捷键I，时间线则会直接回到入点位置。该工具的快捷键是 Alt + 〔。

标记出点 ▨：单击该按钮，对素材设置入点，用于剪辑。在当前位置，单击则指定为出点，时间指示器在相应位置出现，当拖动时间线后，按快捷键O时间线则会直接回到入点位置。该工具的快捷键是 Alt + 〕。

波纹插入编辑 ▨：将当前"素材预览"面板中的素材从入点到出点的片段插入至"时间线"，处于编辑线后的素材均会向右移。如编辑线所处位置在目标轨道的素材之上，那么将会把原素材分为两段，新素材直接插入其中，原素材的后半部分将会紧接着插入的素材。

叠加编辑 ▨：将"素材预览"面板中由入点和出点确定的素材片段插入当前"时间线"的编辑线处，其他片段与之重叠的部分会被覆盖。若编辑线处于目标轨道的素材上，那么凡是处于新素材长度范围内的原素材都将被覆盖。

3. "时间线"面板

在AE中，"时间线"面板分为左右两部分，左半部分是合成项目中的所有图层列表，右半部分则为时间线。在图层列表处左键拖动图层可以改变图层顺序，AE的图层关系与Ps类似，可以选择不同的叠加方式，默认的叠加方式为覆盖。"时间线"面板如图4-9所示。

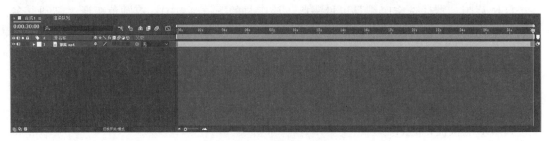

图4-9　"时间线"面板

切换轨道输出 👁 ：选择是否将对应轨道输出。

编辑线位置 00:00:00:00 ：显示编辑线在标尺上的时间位置。

设置未编号标记 ▽ ：用于设置一个无编号的标记。

编辑线 🚩 ：用于确定当前编辑的位置。

合成微型流程图 🗂 ：该按钮可用于以节点方式显示目前合成项目的微型流程，可查看各个合成的嵌套关系。

草图3D 🔲 ：在此模式下禁用光、阴影和景深效果，快速预览3D效果，提高工作效率，并不会对输出结果产生影响。

消隐 ⚑ ：在一个有大量图层的合成项目中，在一些图层上打开消隐开关，在此模式下这些图层就会被隐藏。

帧混合 🔳 ：当制作慢动作效果时，帧混合能使慢动作看起来更平滑连贯。

运动模糊 🔘 ：为设置了运动模糊开光的图层启用运动模糊效果。

4. 合成操作面板

"合成操作"面板通常位于程序界面的左下角。如图4-10所示。

在"合成操作"面板中，每一个图层都有"变化"和"音频"两个下拉菜单。"变化"下拉菜单下，有该图层的锚点、位置、缩放、旋转、不透明度信息。"音频"下拉菜单下，有该图层的音频电平、波形信息。每个信息前有一个秒表按钮 ⏱ ，拖动时间光标，单击此按钮即可设置关键帧。按住Alt键，并用鼠标左键单击此秒表按钮，时间线轨道会变成表达式输入栏（图4-11），并自动填充默认效果的表达式，选中编辑栏即可对表达式进行编辑。

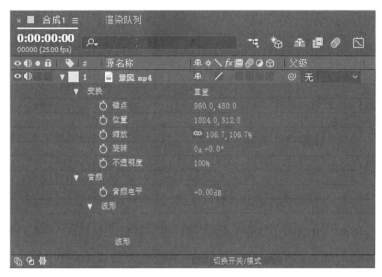

图4-10　"合成操作"面板

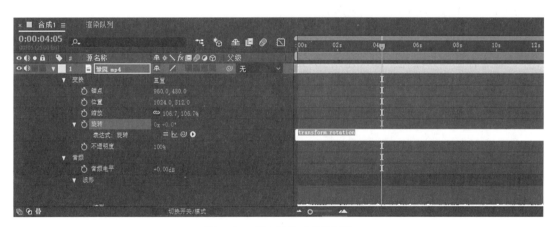

图4-11　插入表达式的编辑栏

点击相应插入表达式行最右边的按钮  可以获得AE中预置的一些基础代码（图4-12），这些代码都有较为明确的分类，即便是没有专门学习过编程语言的用户也可以从菜单栏分类中较为准确地选择自己所需要的表达式。

Global　　　　　　〉
Vector Math　　　 〉
Random Numbers　 〉
Interpolation　　　 〉
Color Conversion　 〉
Other Math　　　　〉
JavaScript Math　　〉
Comp　　　　　　〉
Footage　　　　　〉
Layer　　　　　　〉
Camera　　　　　〉
Light　　　　　　〉
Effect　　　　　　〉
Path Property　　　〉
Property　　　　　〉
Key　　　　　　　〉
MarkerKey　　　　〉

图4-12　AE中预置的表达式分类

4.2.2　Adobe After Effects CC的系统要求[33]

编辑视频需要较高的计算机资源支持，因此配置用于视频编辑的计算机时，需要考虑硬盘的容量与转速、内存的容量和处理器的主频高低等硬件因素。这些硬件因素会影响视频文件保存的容量、处理和渲染输出视频文件时的运算速度。以下是安装和使用After Effects CC的系统要求[33]。

1. Windows 系统[33]

具有64位支持的多核处理器。

Microsoft Windows 10（64位）版本 1703（创作者更新）及更高版本。

8 GB RAM（建议 16 GB 或更多）。

5 GB 可用硬盘空间；安装过程中需要额外可用空间（无法安装在可移动闪存设备上）用于磁盘缓存的额外磁盘空间（建议 10 GB）。

1 280×800 显示器（建议使用 1 920×1 080 或更高分辨率）。

必须具备Internet连接并完成注册，才能激活软件、验证订阅和访问在线服务。

2. Mac OS 系统[33]

带有64位支持的多核Intel处理器。

Mac OS 版本 10.12（Sierra）、10.13（High Sierra）、10.14（Mojave）。

8 GB RAM（建议 16 GB 或更多）。

6 GB 可用硬盘空间用于安装；安装过程中需要额外可用空间（无法安装在使用区分大小写的文件系统的卷上或可移动闪存设备上）用于磁盘缓存的额外磁盘空间（建议 10 GB）。

1 440×900 或更高的显示分辨率。

必须具备Internet连接并完成注册，才能激活软件、验证订阅和访问在线服务。

3. VR 系统[33]

Oculus Rift: Windows10。

Windows Mixed Reality: Windows10。

HTC Vive: Windows10，iMac，带有 Radeon Pro 显卡；iMac Pro，带有 Radeon Vega 显卡；Mac OS 10.13.3 或更高版本。

有关不同类型的头戴显示设备的详细要求，以及设置 After Effects 沉浸式环境的信息，参阅 After Effects 中的 Adobe 沉浸式环境[30]。

4.3　VR 特效项目管理与基本操作

4.3.1　特效项目新建

项目是 After Effects 软件的文件形式，项目中包含一个项目窗口，用来存储项目中所使用的相关素材及序列，以及对素材进行处理、效果设置、剪辑、排列、转场、特效制作等。

第 1 步：打开软件 After Effects CC，会显示欢迎界面，如图 4-13 所示。

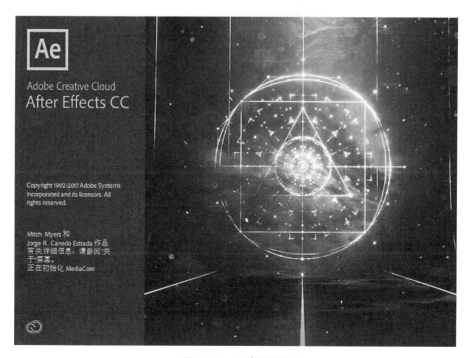

图 4-13　Ae 欢迎界面

第 2 步：进入软件工作界面，可以打开一个原有的项目，也可以新建一个项目，如图 4-14 所示。

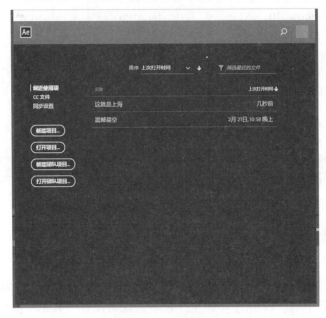

图4-14 开始界面

第3步：新建一个项目，进入工作界面，如图4-15所示。

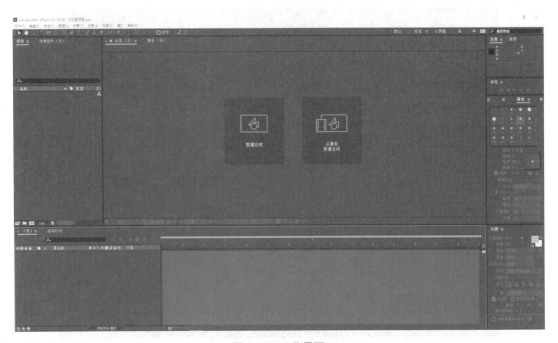

图4-15 工作界面

第4步：选择主菜单"编辑 > 首选项 > 常规"，可以修改启动方式，调整预置设置，选择适合自己的操作习惯，如图4-16所示。

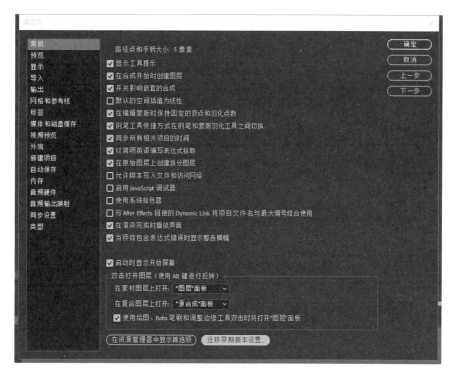

图 4-16　常规设置

第 5 步：单击"确定"按钮，关闭"首选项"对话框，这样就完整了工作开始之前的准备流程。

4.3.2　特效项目合成设置

选择主菜单"合成 > 新建合成"，即可新建一个合成，并弹出"合成设置"面板（图 4-17）。因为《这就是上海》的 VR 拍摄、缝合素材采用上下分左右眼的形式，所以画幅比例为 2 048×1 024，以此比例设置合成的宽度及高度（本书提供的素材为原素材的压缩版，画幅比例为 1 920×960）。像素长宽比一般默认使用方形像素。关于帧速率，电影中常用的帧率是 24 帧 / 每秒，电视、广告中常用的是 25 帧 / 秒，有些镜头使用 30 帧 / 秒、60 帧 / 秒、90 帧 / 秒甚至 120 帧 / 秒（素材帧率为 30 帧 / 秒）。分辨率可以选择"完整""二分之一""三分之一""四分之一"和自定义比例。当导入素材过大时，为了保证制作过程中软件能流程运行，用户通常在能不适用完整分辨率的情况下选择相应比例的分辨率对合成进行预览，这是一种提高制作效率的方案，当然在制作过程中，合成面板内也可随时调节显示分辨率。开始时间码及持续时间都可根据合成内容具体需求设定。合成的背景颜色亦可从色板中自由选择，或是用取色器吸取。

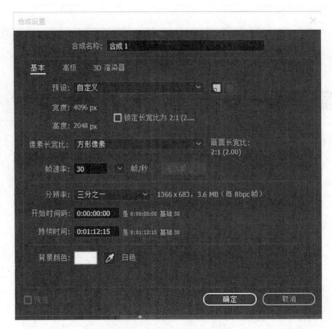

图 4-17　"合成设置"面板

4.4　沉浸式特效制作

4.4.1　VR模糊

第1步：下载"案例素材.zip"文件，并将压缩包解压至电脑本地。

第2步：打开软件After Effects CC，选择新建项目并将其重命名为"VR模糊案例"，如图4-18所示。

第3步：将文件"豫园.mp4"拖到"项目"面板下方空栏处释放，或点击"文件 > 导入 > 文件"（也可直接双击"项目"面板空白处），在弹出的导入文件面板内选择"案例素材"文件夹下的"豫园.mp4"文件，左键双击素材或左键单击导入，如图4-19所示。

第4步：在"项目"面板中双击刚刚导入的"豫园.mp4"素材，即可在"素材预览"面板预览该素材。如图4-20所示。

第5步：新建合成，将项目库中的"豫园.mp4"拖动到合成面板的"合成1"文件夹下，合成面板状态如图4-21所示。

第6步：右击"豫园.mp4"素材，在下拉菜单中选择"效果 > 沉浸式视频 > VR模糊"或直接在软件的顶端菜单栏中选择"效果 > 沉浸式视频 > VR模糊"，如图4-22所示。

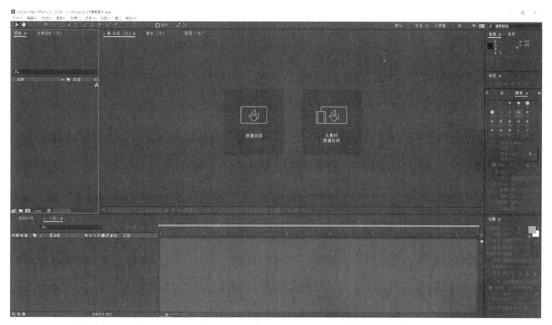

图4-18 新建VR模糊项目文件

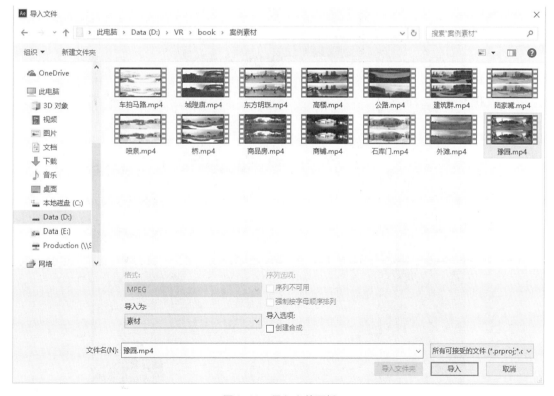

图4-19 导入文件面板

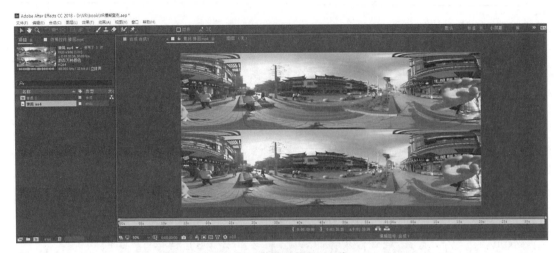

图4-20　素材预览界面示意

图4-21　插入素材后的合成面板

图4-22　VR模糊效果所在位置

第7步：单击选择VR模糊效果后，"效果控件"面板会出现该效果的控制数值菜单栏，如图4-23所示。数值名称前的秒表表明该项数值可k帧，k帧后即可得到从清晰到模糊或者从模糊到清晰的效果。

图4-23　效果控件面板示意

第8步：将帧布局的下拉菜单点开，选择"立体-上/下"，然后将鼠标光标置于模糊度对应的高亮蓝字上，按住鼠标左键向右拖动即可调大数值，与此同时在"合成预览"面板中查看不同数值对应的模糊度，当处于较为合适的模糊程度时释放鼠标左键。点开模糊度的下拉菜单可以看到模糊度可调节范围（0～400），也可单击蓝色高亮数字，在弹出框中手动输入相应数值。最后，完成VR模糊效果的制作，如图4-24所示。

图4-24　VR模糊效果预览界面

4.4.2　VR发光

第1步：下载"案例素材.zip"文件，并将压缩包解压至电脑。

第2步：打开软件Adobe After Effects CC，选择新建项目并将其重命名为"VR发光案例"，如图4-25所示。

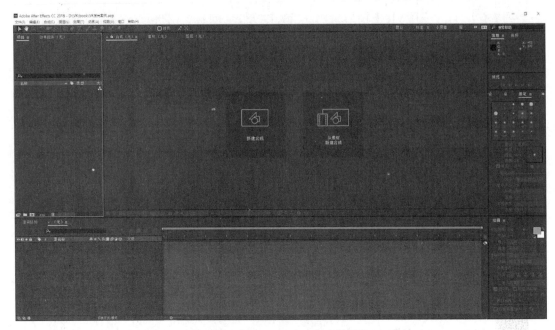

图4-25　新建VR发光项目文件界面

第3步：将文件"豫园.mp4"拖到"项目"面板下方空栏处释放，或点击"文件 > 导入 > 文件"（也可直接双击空白处），在弹出的导入文件窗口内选择"案例素材"文件夹下的"豫园.mp4"文件，左键双击素材或左键单击导入，如图4-26所示。

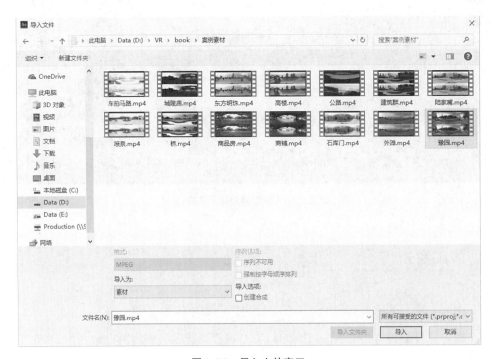

图4-26　导入文件窗口

第 4 步：在"项目"面板中双击刚刚导入的"豫园 .mp4"素材，即可在素材预览界面预览该素材，如图 4-27 所示。

图 4-27　素材预览界面示意

第 5 步：新建合成，将项目库中的"豫园 .mp4"左键拖动到"合成"面板中的"合成 1"文件夹下，如图 4-28 所示。

图 4-28　插入素材后的"合成"面板

第 6 步：右击"豫园 .mp4"素材，在下拉菜单中选择"效果 > 沉浸式视频 > VR 发光"或直接在软件的顶端菜单栏中选择"效果 > 沉浸式视频 > VR 发光"，如图 4-29 所示。

第 7 步：单击选择 VR 发光效果后，"效果控件"面板会出现该效果的控制数值菜单栏，如图 4-30 所示。数值名称前的秒表表明该项数值可 k 帧，k 帧后即可得到从原素材状态到发光状态或者从发光状态到原素材状态的效果。

第 8 步：将帧布局的下拉菜单点开，选择"立体-上 / 下"，然后将光标分别置于亮度阈值、发光半径、发光亮度、发光保护度数值调节栏对应的高亮蓝字上，按住鼠标左键向右拖动即可调大数值，向左即可调小数值。与此同时，在"合成预览"面板中查看不同数值对应的不同效果，当处于较为合适的发光效果时释放鼠标左键。点开各个数值名称前的下拉菜单可以看到每个数值的可调节范围，也可单击蓝色高亮数字，在弹出框中手动输入相应数值，如图 4-31 所示。

...

图4-29　VR发光效果所在位置

图4-30　"效果控件"面板示意

第9步：如果上述步骤制作出的发光效果颜色不够满意，也可勾选"使用色调颜色"标题旁的小方框，单击"色调颜色"选择色调，或单击右侧的"吸管"按钮吸取想要的颜色色调，即可完成VR发光特效的制作。最终调节效果如图4-32所示。

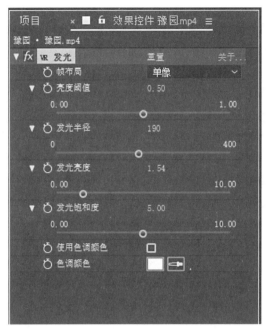

图4–31　"效果控件"面板VR发光数值调控界面

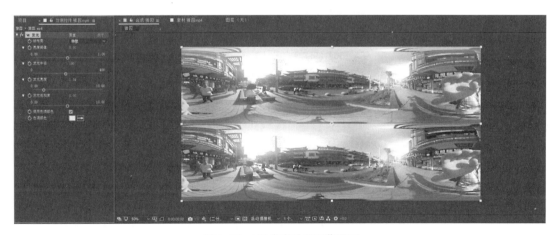

图4–32　VR发光效果预览界面

4.4.3　VR锐化

第1步：下载"案例素材.zip"文件，并将压缩包解压至电脑。

第2步：打开软件Adobe After Effects CC，选择新建项目并将其重命名为"VR模糊案例"，如图4–33所示。

第3步：将文件"豫园.mp4"文件拖到"项目"面板下方空栏处释放，或点击"文件

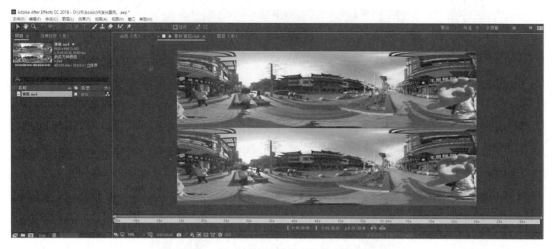

图4-33　新建VR锐化项目文件界面

＞导入＞文件"（也可直接双击空白处），在弹出的导入文件窗口内选择"案例素材"文件夹下的"豫园.mp4"，左键双击素材或左键单击导入，如图4-34所示。

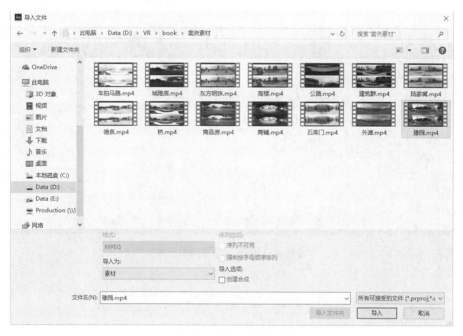

图4-34　导入文件窗口

　　第4步：在Ae项目窗口中双击刚刚导入的"豫园.mp4"，即可在"素材预览"面板预览该素材，如图4-35所示。

　　第5步：新建合成，将项目库中的"豫园.mp4"左键拖动到"合成"面板的"合成1"文件夹下，"合成"面板状态如图4-36所示。

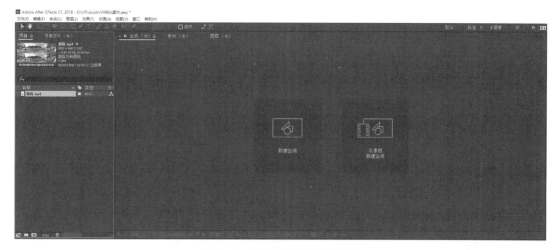

图4-35　"素材预览"界面示意

图4-36　插入素材后的"合成"面板

　　第6步：右击"豫园.mp4"素材，在下拉菜单中选择"效果 > 沉浸式视频 > VR锐化"或直接在软件的顶端菜单栏中选择"效果 > 沉浸式视频 > VR锐化"，如图4-37所示。

图4-37　VR锐化效果所在位置

第7步：单击选择VR锐化效果后，"效果控件"面板会出现该效果的控制数值菜单栏，如图4-38所示。数值名称前的秒表表明该项数值可k帧，k帧后即可得到从原素材状态到锐化状态，或者从锐化状态恢复到原素材状态的效果。

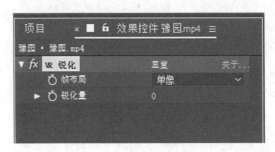

图4-38　效果控件窗口示意

第8步：将帧布局的下拉菜单点开，选择"立体-上/下"，然后将鼠标光标置于模锐化对应的高亮蓝字上，按住鼠标左键拖动向右即可调大数值，与此同时在"合成预览"面板中查看不同数值对应的锐化程度，当处于较为合适的锐化程度时释放鼠标左键。点开锐化量的下拉菜单可以看到锐化数值可调节范围是0～100，也可单击蓝色高亮数字，在弹出框中手动输入相应数值。最后，完成VR锐化效果的制作，如图4-39所示。

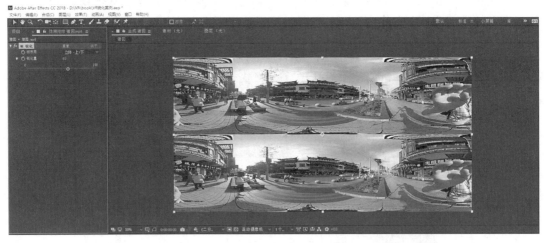

图4-39　VR锐化效果预览界面

4.4.4　VR降噪

第1步：下载"案例素材.zip"文件，并将压缩包解压至电脑。

第2步：打开软件After Effects CC，选择新建项目并将其重命名为"VR降噪案例"。

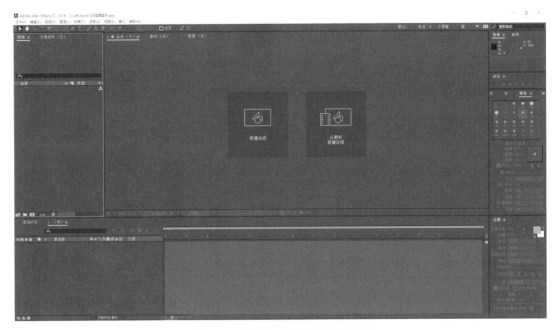

图4-40　新建VR降噪项目文件界面

界面如图4-40所示。

第3步：将文件"城隍庙.mp4"文件拖到"项目"面板下方空栏处释放，或点击"文件 > 导入 > 文件"（也可直接双击空白处），在弹出的导入文件窗口内选择"案例素材"文件夹下的"城隍庙.mp4"，左键双击该素材或左键单击导入，如图4-41所示。

图4-41　导入文件窗口

第4步：在"项目"面板中双击刚刚导入的"城隍庙.mp4"素材，即可在"素材预览"面板预览该素材，如图4-42所示。

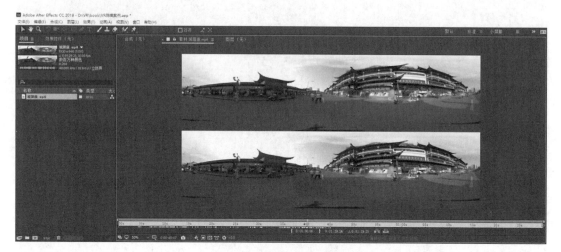

图4-42 素材预览界面示意

第5步：新建合成，将项目库中的"城隍庙.mp4"文件左键拖动到"合成"面板中的"合成1"文件夹下，状态如图4-43所示。

图4-43 插入素材后的"合成"面板

第6步：右击"城隍庙.mp4"素材，在下拉菜单中选择"效果>沉浸式视频>VR降噪"，或直接在软件的顶端菜单栏中选择"效果>沉浸式视频>VR降噪"，如图4-44所示。

第7步：单击选择VR降噪效果后，"效果控件"面板会出现该效果的控制数值菜单栏，如图4-45所示。数值名称前的秒表表明该项数值可k帧，k帧后即可得到从原素材状态到降噪状态或者从降噪状态恢复到原素材状态的效果。

第8步：将帧布局的下拉菜单点开，选择"立体-上/下"，杂色类型选择"盐和胡椒"（随机赋值在此项目中会导致降噪后素材损失太多清晰度，而"盐和胡椒"类型下的降噪可以使结果尽量保真原素材，减少清晰度的损失），然后将光标置于杂色级别对应的高亮蓝字上，按住鼠标左键向右拖动即可调大数值，拖动向左即可调小数值。该数值越大意味着降噪程度越高。与此同时，在"合成预览"面板中查看不同数值对应的降噪程度，当

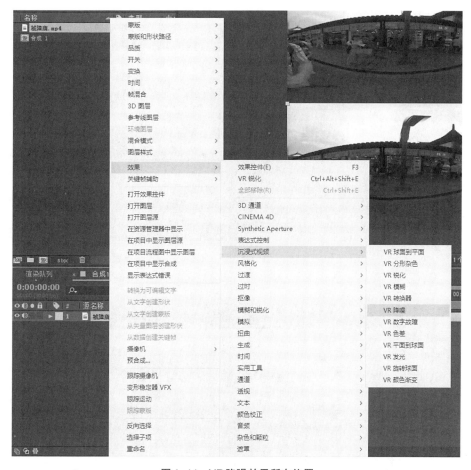

图 4-44　VR 降噪效果所在位置

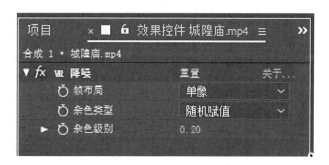

图 4-45　"效果控件"面板示意

处于较为合适的锐化程度时释放鼠标左键。点开杂色类型的下拉菜单可以看到杂色类型有"随机赋值"及"盐和胡椒"两种；点开杂色级别的下拉菜单可以看到杂色级别的调节范围是 0.00 ～ 1.00，也可单击蓝色高亮数字，在弹出框中手动输入相应数值。最后，完成 VR 降噪效果的制作。图 4-46 为"随机赋值"模式下降噪级别最高效果；图 4-47 为"盐和胡椒"模式下降噪级别最高效果。

图4-46 "随机赋值"类型下VR降噪效果预览界面

图4-47 "盐和胡椒"类型下VR降噪效果预览界面

4.4.5 VR色差

第1步：下载"案例素材.zip"文件，并将压缩包解压至电脑。

第2步：打开软件After Effects CC，选择新建项目并将其重命名为"VR色差案例"。界面如图4-48所示。

第3步：将文件"豫园.mp4"拖到"项目"面板下方空栏处释放，或点击"文件 > 导入 > 文件"（也可直接双击空白处），在弹出的导入文件窗口内选择"案例素材"文件夹下的"豫园.mp4"，左键双击该素材或左键单击导入，如图4-49所示。

第4步：在Ae"项目"面板中双击刚刚导入的"豫园.mp4"素材，即可在"素材预

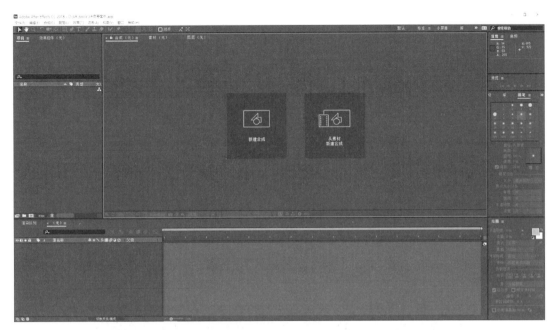

图 4-48　新建 VR 锐化项目文件界面

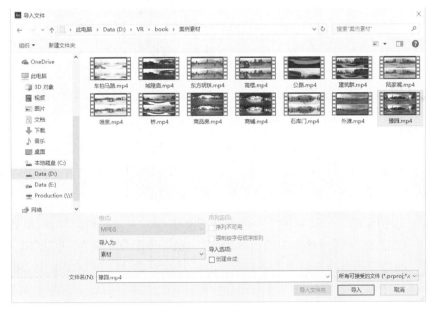

图 4-49　导入文件窗口

览"面板预览该素材，如图 4-50 所示。

　　第 5 步：新建合成，将项目库中的"豫园.mp4"文件左键拖动到"合成"面板中的
"合成 1"文件夹下，合成窗口状态如图 4-51 所示。

　　第 6 步：右击"豫园.mp4"素材，在下拉菜单中选择"效果 > 沉浸式视频 > VR 色

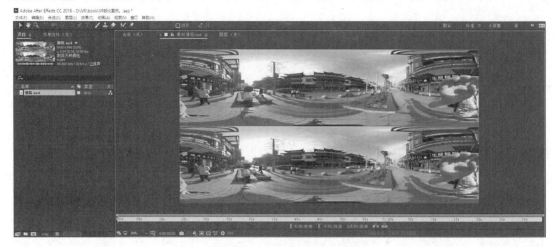

图4-50　素材预览界面示意

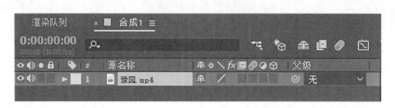

图4-51　插入素材后的合成窗口

差"，或直接在软件的顶端菜单栏中选择"效果 > 沉浸式视频 > VR色差"，如图4-52所示。

第7步：单击选择VR色差效果后，"效果控件"面板会出现该效果的控制数值菜单栏，如图4-53所示。数值名称前的秒表表明该项数值可k帧，k帧后即可得到从原素材状态到色差状态，或者从色差状态恢复到原素材状态的效果。

第8步：将帧布局的下拉菜单点开，选择"立体-上/下"，目标点对应蓝色高亮数字可手动调节（左右数字即为舞台上的横纵坐标），也可单击数字左侧的"定位"按钮，在"合成预览"面板中用鼠标左键单击选择目标点，选择后即色差范围由该中心扩散并逐渐衰减。将鼠标光标置于色差红色、绿色、蓝色和衰减距离对应的高亮蓝色数字上，按住鼠标左键向右拖动即可调大数值，按住鼠标左键向左拖动即可调小数值。与此同时，在"合成预览"面板中查看不同数值对应的色差效果，当处于较为合适的色差程度时释放鼠标左键。点开色差红色、绿色、蓝色和衰减距离的下拉菜单可以看到它们所对应数值的可调节范围，也可单击它们对应的蓝色高亮数字，在弹出框中手动输入相应数值。衰减方向默认是由圆心出发向外扩散的方向，若勾选衰减反转对应的小方框，则衰减方向与默认方向相反。最后，完成VR锐化效果的制作。图4-54和图4-55分别为不同色差数值对应的色差效果。

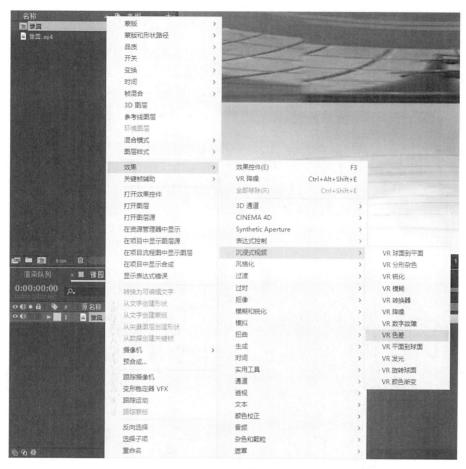

图4-52　VR色差效果所在位置

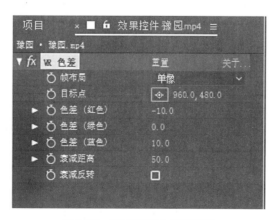

图4-53　"效果控件"面板示意

图4-54　VR色差效果1预览界面

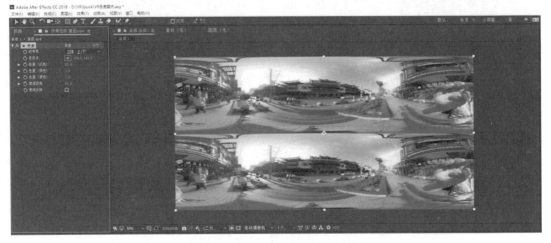

图4-55　VR色差效果2预览界面

4.4.6　VR旋转球面

第1步：下载"案例素材.zip"文件，并将压缩包解压至电脑。

第2步：打开软件After Effects CC，选择新建项目并重命名为"VR旋转球面案例"。界面如图4-56所示。

第3步：将文件"东方明珠.mp4"拖到"项目"面板下方空栏处释放，或点击"文件 > 导入 > 文件"（也可直接双击空白处），在弹出的导入文件窗口内选择"案例素材"文件夹下的"东方明珠.mp4"，左键双击该素材或左键单击导入，如图4-57所示。

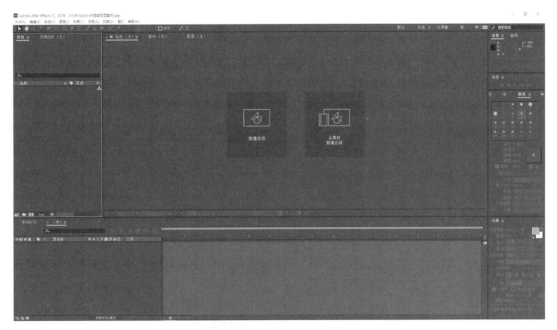

图4-56　新建VR旋转球面项目文件界面

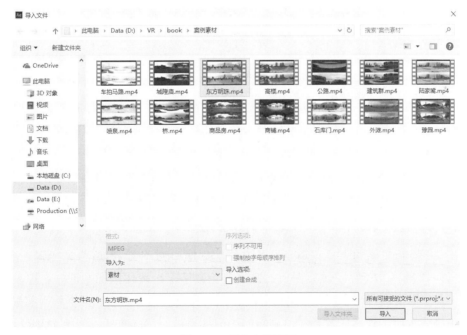

图4-57　导入文件窗口

第4步：在"项目"面板中双击刚刚导入的"东方明珠.mp4"，即可在"素材预览"面板预览该素材，如图4-58所示。

第5步：新建合成，将项目库中的"豫园.mp4"文件拖动到"合成"面板中的"合成

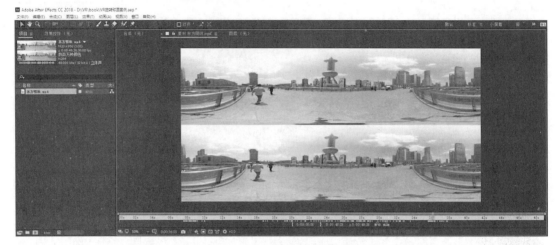

图4-58　素材预览界面示意

图4-59　插入素材后的合成窗口

1"文件夹下，"合成"面板状态如图4-59所示。

第6步：右击"东方明珠.mp4"素材，在下拉菜单中选择"效果>沉浸式视频>VR旋转球面"或直接在软件的顶端菜单栏中选择"效果>沉浸式视频>VR旋转球面"，如图4-60所示。

第7步：单击选择VR旋转球面效果后，"效果控件"面板会出现该效果的控制数值菜单栏，如图4-61所示。数值名称前的秒表表明该项数值可k帧，k帧后即可得到观众使用VR头戴式设备时无须转头便可以看到画面移动的效果。

第8步：将帧布局的下拉菜单点开，选择"立体–上/下"，然后将光标置于倾斜（X轴）、平移（Y轴）、滚动（Z轴）对应的高亮蓝色数字上，按住鼠标左键向右拖动即可调大数值，向左拖动即可调小数值。与此同时，在"合成预览"面板中可查看当前旋转条件下视觉中心区域所呈现图像效果。反旋转的小框如果被勾选，意味着将整个VR摄像机在与镜头传感器所在平面平行的一个平面上旋转180°的效果。将所期望画面基本旋转至画面兴趣中心区域时，即完成旋转球面效果的制作。图4-62为将东方明珠调整至画面正中央兴趣区域后的效果预览。

图 4-60　VR 旋转球面效果所在位置

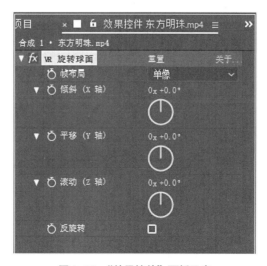

图 4-61　"效果控件"面板示意

图4-62　VR旋转球面效果预览界面

4.5　沉浸式特效制作案例

4.5.1　VR局部模糊

前期设计过程我们希望达到的效果是——某一时段在画面的视觉中心（即观众使用VR头戴式设备观看本片时，没有转动头部所默认看到的画面区域）看到清晰的图像，在边缘看到的是模糊的图像。在具体进行合成流程操作之前，首先要将合成思路考虑清楚。样片制作过程中我们使用的思路是：将已进行过模糊处理的素材中心区域蒙版去除，叠加在原素材上方。另一种制作思路是：将已进行过模糊处理的素材置下方，再将拷贝出的原素材视觉中心区域用蒙版圈出，保留并置于上方。

第1步：下载"案例素材.zip"文件，并将压缩包解压至电脑。

第2步：打开软件After Effects CC，选择打开最近项目"这就是上海"。

第3步：将文件"喷泉.mp4"拖到"项目"面板下方空栏处释放，或点击"文件>导入>文件"，在弹出的窗口内选择"案例素材"文件夹下的"喷泉.mp4"，如图4-63所示。

第4步：将项目库中的"喷泉.mp4"文件拖动到"合成"面板中的"合成1"文件夹下，合成窗口状态如图4-64所示。

第5步：快捷键Ctrl+Shift+D可以直接将该层素材从时间光标点切割，分成两段、两层，通过这个方式可以将部分视频剪掉。

第6步：快捷键Ctrl+D可以将图层复制出来，如图4-65所示。

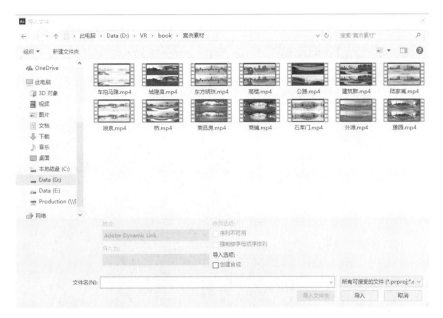

图4-63 导入文件界面

图4-64 插入素材后的合成窗口

图4-65 复制所选图层

第7步：右击上层素材，在下拉菜单中选择"效果 > 模糊和锐化 > 高斯模糊"，如图4-66所示。也可使用上文中所提到的VR模糊，沉浸感更强。

第8步：点选后，"效果控件"面板则会出现可调节菜单，如图4-67所示。

第9步：将模糊度调大，比如调至10（如数值过小，观众在VR头戴式设备中观看极易导致眩晕；如数值过大，容易使前后景极不匹配），在合成预览界面会看到素材模糊后的效果，如图4-68所示。

第10步：右击刚才做过模糊效果的图层，选择下拉菜单中的"蒙版 > 新建蒙版"，再

图4-66　高斯模糊效果所在位置

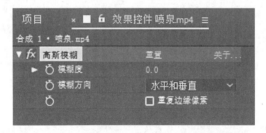

图4-67　高斯模糊特效数值调节菜单

图4-68　数值为10的高斯模糊图像

选择工具栏中的钢笔工具，在"合成预览"面板圈出视觉中心位置，复制选区并位移到下方接近区域。效果如图4-69所示。

图4-69　蒙版示意

第11步：在"合成"面板中打开"图层1"的下拉菜单，再打开其中蒙版的下拉菜单，将两个蒙版叠加方式都从默认的"相加"改为"相减"。效果如图4-70所示。

图4-70　将蒙版叠加方式变为"相减"后效果

第12步：为了让蒙版边缘过渡不至于太生硬，可点开两个蒙版的下拉菜单，在蒙版羽化栏将羽化数值调大，如100左右。调节过程中可通过"合成预览"面板观察羽化效果，如图4-71所示。蒙版羽化数值调节框前的秒表表示可在蒙版羽化数值上进行k帧，高斯模糊度调节框前的秒表也表示可以在其数值上k帧。

通过上述操作即可达到前期设计时所预想的效果。该方法仅供参考，还有许多其他方案也可达到相同效果。

图4-71　蒙版羽化数值调节框

4.5.2　VR闪动勾边效果

第1步：打开After Effects CC，选择打开近期项目"这就是上海"。在"项目"面板中右键单击，在下拉菜单中点击新建合成，使用同上一合成的默认设置，并点击确定。

第2步：将文件"石库门.mp4"拖到"项目"面板下方空栏处释放，或点击"文件>导入>文件"，在弹出的窗口内选择"案例素材"文件夹下的"石库门.mp4"，如图4-72所示。

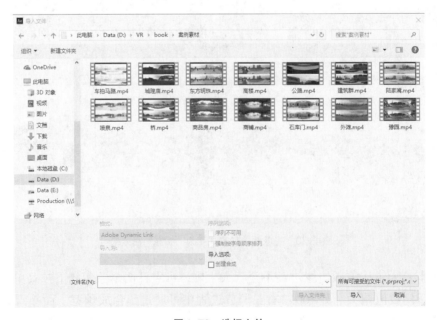

图4-72　选择文件

第3步：单击"导入"按钮，视频素材就出现在"项目"面板中。双击素材缩略图，在右侧可以预览该素材，如图4-73所示。

图4-73　导入并预览素材

第4步：将项目库中的"石库门.mp4"拖动到"合成"面板中的"合成2"文件夹下，如图4-74所示。

第5步：单击图层1，使用快捷键Ctrl+D复制图层。

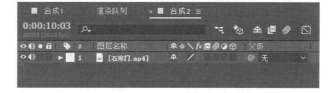

图4-74　合成窗口视图

第6步：选中图层1，在菜单栏中选择"效果>风格化>查找边缘"，即在"效果控件"面板中出现查找边缘数值调节栏，如图4-75所示。

第7步：在查找边缘数值调节栏中，勾选"反转"效果，即呈现原素材被勾边的状

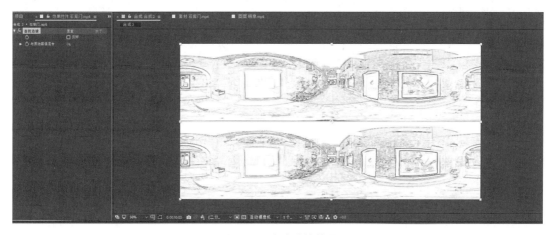

图4-75　查找边缘效果

态，如图4-76所示。

第8步：要使勾边效果更明显，可以通过增加查找边缘效果层的亮度和对比度实现。单击图层1，在菜单栏中选择"效果>颜色矫正>亮度和对比度"，然后在效果控件栏的亮度与对比度数值调节栏中将亮度调高至50，对比度调高至100，如图4-77所示。要使勾边效果闪动，可在亮度调节栏k帧实现。

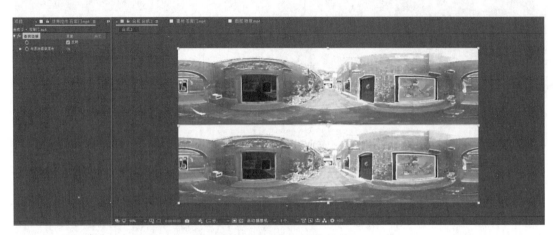

图4-76　反转查找边缘效果

图4-77　闪动勾边效果

4.6　作品渲染与输出

完成所有的特效效果制作后，需要进行渲染输出操作。获得渲染输出后的素材，导入至Premiere Pro CC，插入到对应的剪辑位置并覆盖原来的素材，从中输出最后成片。

第1步：打开After Effects CC，选择打开近期项目"这就是上海"，如图4-78所示。

图4-78 打开"这就是上海"后的软件视图

第2步：在"项目"面板中选中"合成2"，再按住Shift键加选"合成1"，完成两个合成的同时选中。然后选择"文件 > 导出 > 添加到渲染队列"，如图4-79所示。

图4-79 "添加到渲染队列"选项位置示意图

第3步：左键单击改选项后，合成窗口会弹出"渲染队列栏"，"合成1"及"合成2"会出现在空白窗口中，如图4-80所示。

该窗口中有渲染合成进度栏（包括已用时间和剩余时间信息，还有"渲染""暂停""停止"按钮）和合成名称、状态、已启动、渲染时间等信息栏。

图4-80　渲染队列窗口

第4步：在渲染队列窗口的"合成1"及"合成2"的具体渲染设置参数栏（包括渲染设置、输出模块、输出位置）中，左键单击高亮蓝色字，可选择调节对应参数。点击"最佳设置"，会弹出一个"渲染设置"面板，如图4-81所示。

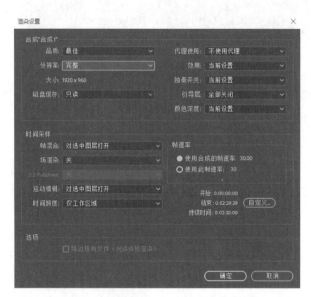

图4-81　"渲染设置"面板（软件默认状态）

第5步：针对普通项目可以直接使用默认设置，对于一些合成嵌套较多的文件合成可以做出相应调整（例如不使用完整分辨率、使用代理、关闭运动模糊等），以节约项目成本。

第6步：左键单击高亮蓝字"无损"，会弹出一个"输出模块设置"面板，如图4-82所示。

第7步：在"输出模块设置"面板可以调节输出文件格式、输出通道、深度、颜色、文件大小、声音格式等相关信息。本项目输出文件的格式为QuickTime（也可以选择各种图片序列，因为该项目输出没有通道的特殊要求，所以格式选择较为自由），再点击视频输出栏右侧的格式选项按钮，在弹出的QuickTime选项中的视频编码器下拉菜单中选择H.264（图4-83），文件大小即为默认素材大小比例，不需要裁剪，设置好参数后即可点击确定，关闭输出模块设置窗口。

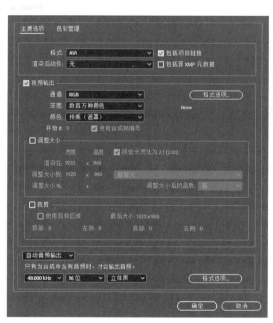

图4-82　"输出模块设置"面板（软件默认状态）

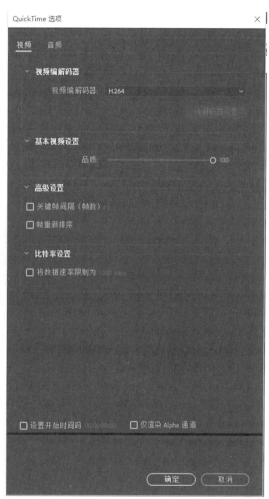

图4-83　"输出模块设置"面板

第8步：点击高亮斜体蓝字"尚未指定"，会弹出影片输出位置选择窗口，如图4-84所示。在该窗口中选择输出路径并命名输出文件，点击"保存"按钮。

第9步：设置好"合成1"及"合成2"的渲染信息后，点击"渲染设置"面板最右侧上方的"渲染"按钮，即出现渲染队列窗口，如图4-85所示。

当上方的蓝色色条占满全部渲染进度条后，渲染即完成，可到渲染文件输出路径查看其是否符合要求。

图4-84　影片输出位置选择窗口

图4-85　渲染过程中的渲染队列窗口示意图

第5章

VR影像监看与合成

在进行VR影像剪辑和特效制作时，很难实时观察添加的特效是否和视频素材相匹配。若能对正在编辑的影像，实时地通过头盔观看特效的效果，那么就能省时、省力许多。为此，作者所在的团队通过努力，使用Unity软件开发了一款可以实时监看和预览VR编辑画面的"预览和监看系统"。实现如下几个实用功能：VR影像实时局部预览、VR影像实时头盔式预览、VR影像实时监看。为使软件具有更高的稳定性，方便更多体验者使用，软件部分界面使用了英文菜单介绍。本章5.1～5.3节会详述VR影像监看软件平台具体使用方法，5.4节将介绍软件合成方法。

5.1　VR影像实时头盔式预览

第1步：打开Premiere工程文件"案例025.prproj"，作为视频编辑操作的实例。

第2步：打开"预览和监看系统.exe"文件，显示系统界面，如图5-1所示。

第3步：Instruction介绍界面对软件的基础功能和操作方法进行了提示，读者在操作前可先熟读Instruction。为了避免Instruction界面的蓝色框阻挡下面的操作过程，读者可根据需要按H键，即可隐藏Instruction界面，如图5-2所示。

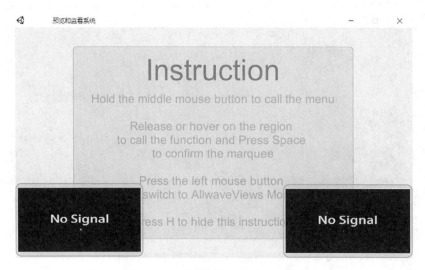

图5-1　"预览和监看系统"界面

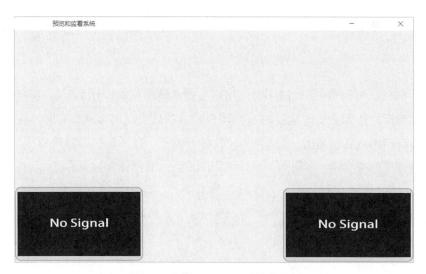

图5-2　隐藏Instruction后软件界面

第4步：将"预览和监看系统"拖动至桌面左上角，在系统平台界面的灰色区域用鼠标中键点按，出现"球形菜单"，鼠标中键按住移动至"Marquee"区域启动软件，软件会对正在操作的桌面进行截屏，如图5-3所示。

第5步：在"预览和监看系统"桌面截图区域，找到位于右侧的"节目"面板，单击鼠标右键出现蓝色截图框，拖动鼠标截取VR影像"左眼"显示区域，松开鼠标则完成区域的截取。若截取的位置不佳，可用鼠标右键点按软件界面的其他区域重新操作截取，如图5-4所示。

第6步："左眼"区域截取完整后，将鼠标箭头位置放在所截取的区域左下角（也就是

图5-3　鼠标中键移动至"Marquee"区域启动软件截屏

图5-4　软件界面截取"左眼"区域

右眼需截取区域的左上角），键盘按下W键，软件则仿照第5步自动进行了VR"右眼"区域的截取，如图5-5所示。

　　第7步：按空格键确认区域，所截取的"左眼"和"右眼"区域画面将出现在软件界面下面的两个蓝色显示框内，如图5-6所示。

图5-5 软件界面截取"右眼"区域

图5-6 确认"左眼"和"右眼"所选区域

第8步：此时"预览和监看系统"软件正在对已编辑的"案例025.prproj"文件的"节目"面板进行监看，读者通过Premiere进行VR影像的制作过程中，想要随时观看VR"左眼""右眼"的效果时，即可单击"节目"面板的播放键，从软件平台下面两个蓝色显示区域内观看到实时的VR左右眼影像内容，如图5-7所示。

第9步：此时软件激活了HMD头戴式VR显示器，读者带上它可实时监看在"节目"

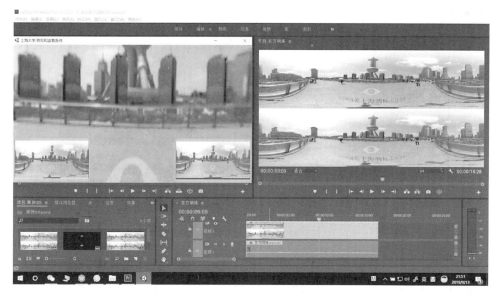

图5-7　实时监看VR左右眼影像

面板正在编辑的影像画面。

第10步：VR影像编辑完成后保存Premiere项目文件，鼠标中键点按"预览和监看系统"软件平台任意位置，出现"球形菜单"，拖动中键至"Quit"位置则退出软件平台，如图5-8所示。

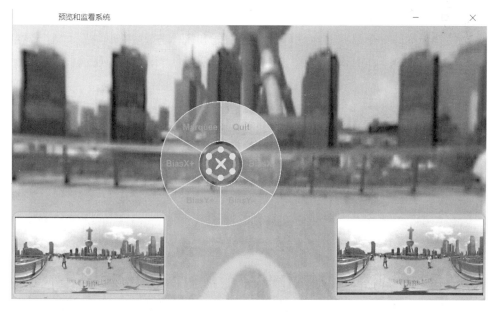

图5-8　选择"Quit"退出软件平台

5.2　VR影像实时预览调整

第1步：打开Premiere Pro CC，新建项目"案例027.prproj"，导入VR影像素材"豫园.mp4"，并拖拽放入"时间线"面板，如图5-9所示。

图5-9　将VR影像素材放入"时间线"面板

第2步：打开"预览和监看系统.exe"文件，显示系统界面。

第3步：Instruction介绍界面对软件的基础功能和操作方法进行了提示，读者在操作前可先熟读Instruction。按H键，即可隐藏Instruction界面，如图5-10所示。

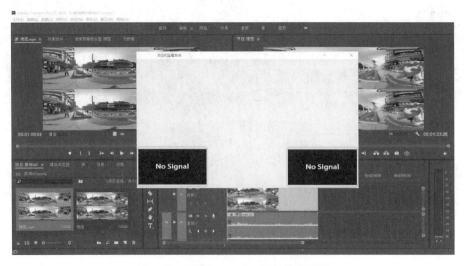

图5-10　隐藏Instruction后的软件界面

第4步：将"预览和监看系统"拖动至桌面左上角，防止阻挡截取画面。在系统平台界面的灰色区域用鼠标中键点按，出现"球形菜单"，鼠标中键按住移动至"Marquee"区域启动软件，软件会对正在操作的桌面进行截图，如图5-11所示。

图5-11 鼠标中键移动至"Marquee"区域启动软件截屏

第5步：在"预览和监看系统"桌面截图区域，找到位于右侧的"节目"面板，单击鼠标右键出现蓝色截图框，拖动鼠标截取VR影像"左眼"显示区域，松开鼠标则完成区域的截取，如图5-12所示。

图5-12 软件界面截取"左眼"区域

第6步：如果发现自己所截取的区域与实际区域不匹配，又不想重新截取时，可使用菜单内的工具进行微调：鼠标中键点按，拖动至"BiasX+"则截取区域横向向右平移，"BiasX−"截取区域横向向左平移，"BiasY+"截取区域纵向向上平移，"BiasY−"截取区域纵向向下平移，如图5−13所示。

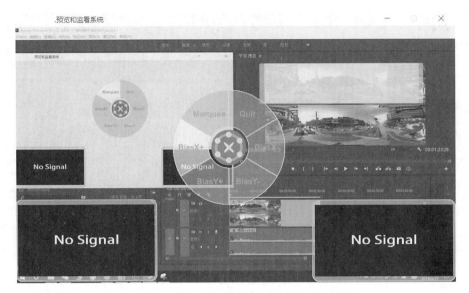

图5−13　选择"Bias"按钮进行"选区"平移

第7步："左眼"区域截取完整后，将鼠标箭头位置放在所截取的区域左下角（也就是"右眼"需截取区域的左上角），键盘按下W键，软件则仿照第6步自动进行了VR"右眼"区域的截取，如图5−14所示。

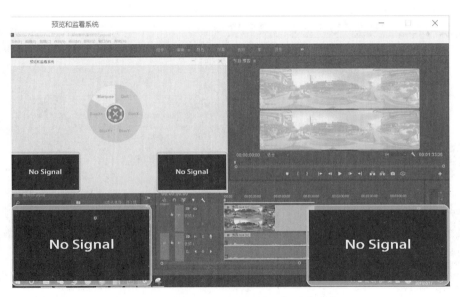

图5−14　确认"左眼"和"右眼"所选区域

第8步：按空格键确认区域，所截取的"左眼"和"右眼"区域画面将出现在软件界面下面的两个蓝色"显示框"内，如图5-15所示。

图5-15　实时监看VR左右眼影像

第9步：在软件平台中间，点按鼠标中键出现"球形菜单"，拖动鼠标中键至BiasX+则监看区域横向向右平移，拖动至BiasX-则监看区域横向向左平移，拖动至BiasY+则监看区域纵向向上平移，拖动至BiasY-则监看区域纵向向下平移，如图5-16所示。

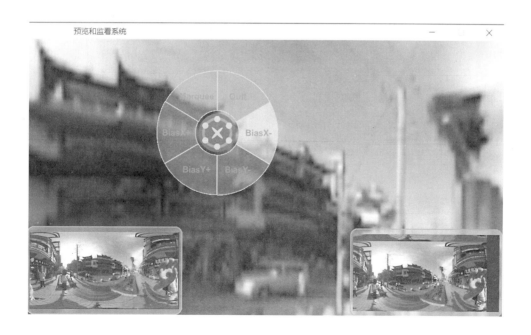

图5-16 选择"Bias"按钮进行"监看区域"平移

第10步：VR影像编辑完成后保存Premiere项目文件，鼠标中键点按"预览和监看"软件平台任意位置，出现"球形菜单"，拖动中键至"Quit"位置则退出软件平台，如图5-17所示。

图5-17 选择"Quit"退出软件平台

5.3　VR影像全景六画面实时监看

第1步：打开Premiere Pro CC，新建项目"案例028.prproj"，导入VR影像素材"石库门.mp4"，设置出点、入点后再拖拽放入"时间线"面板，如图5-18所示。

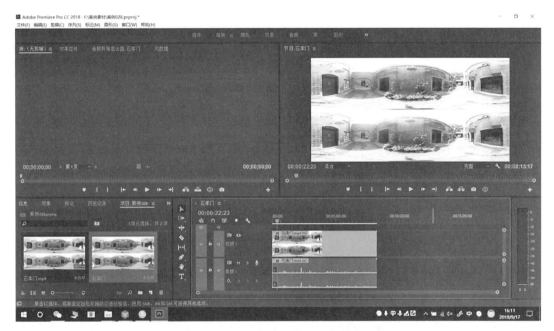

图5-18　将VR影像素材放入"时间线"面板

第2步：打开"预览和监看系统.exe"文件，显示系统界面。读者在操作前可先熟读Instruction。按H键，即可隐藏Instruction界面，如图5-19所示。

第3步：将"预览和监看系统"拖动至桌面左上角，防止阻挡截取画面。在系统平台界面的灰色区域，鼠标中键点按，出现"球形菜单"，鼠标中键按住移动至"Marquee"区域启动软件，软件会对正在操作的桌面进行截图，如图5-20所示。

第4步：在"预览和监看系统"桌面截图区域，找到位于右侧的"节目"面板，单击鼠标右键出现蓝色截图框，拖动鼠标分别截取VR影像"左眼"和"右眼"显示区域，松开鼠标则完成区域的截取，如图5-21所示。

第5步：按空格键确认区域，所截取的"左眼"和"右眼"区域画面将出现在软件界面下面的两个蓝色显示框内，如图5-22所示。

第6步：此时在软件平台中间，点按鼠标左键，出现VR影像全景六画面，从左至右、

图5-19　隐藏Instruction后软件界面

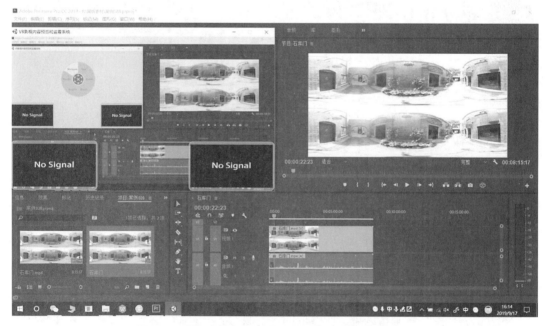

图5-20　鼠标中键移动至"Marquee"区域启动软件截屏

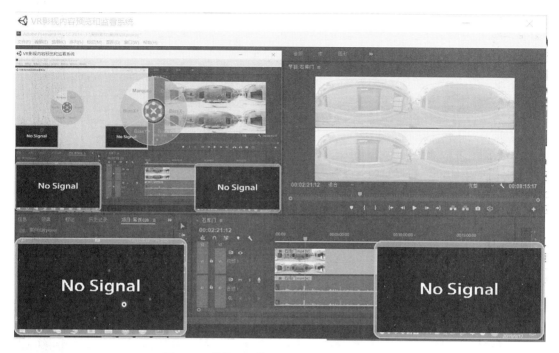

图5-21　软件界面截取"左眼"和"右眼"区域

图5-22　实时监看VR左右眼影像

从上至下分别为：右视图、顶视图、底视图、前视图、后视图、左视图。此时点按"节目"面板播放按钮，可在软件中实时监看VR影像全景六画面影像，如图5-23所示。

图5-23　实时监看VR影像全景六画面影像

第7步：VR影像编辑完成后保存Premiere文件，鼠标中键点按"预览和监看"软件平台任意位置，出现"球形菜单"，拖动中键至"Quit"位置则退出软件平台，如图5-24所示。

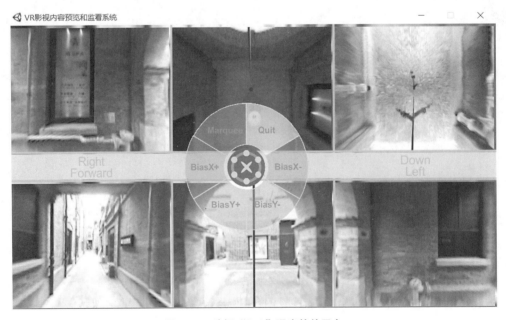

图5-24　选择"Quit"退出软件平台

5.4　使用Pano2VR合成VR影像

Pano2VR又名全景图像转换器，是一款可以实现VR全景图像转换的应用软件。本节将详细介绍使用Pano2VR软件，实现对方位图素材全景转换成VR全景素材的操作方法和过程。

第1步：准备方位图素材。将需要合成的6张不同角度拍摄所得的方位图片归纳到同一个文件夹，并按规则命名。命名规则：顶视图为"x_top.jpg"，底视图为"x_bottom.jpg"，前视图为"x_front.jpg"，后视图为"x_back.jpg"，左视图为"x_left.jpg"，后视图为"x_right.jpg"，其中x为序号，可填任意数字，如图5-25所示。

1_back.jpg　　　1_bottom.jpg　　　1_front.jpg　　　1_left.jpg　　　1_right.jpg　　　1_top.jpg

图5-25　将案例方位图命名

第2步：打开Pano2VR pro6.0，显示欢迎界面，如图5-26所示。

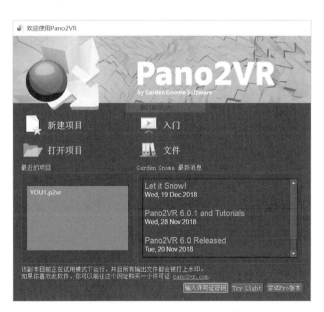

图5-26　Pano2VR pro 6.0欢迎界面

第3步：在欢迎界面单击"新建项目"按钮，打开"插入全景图"面板，选择第1步命名并保存全景方位图素材，单击"打开"导入软件，如图5-27所示。

图5-27　导入全景方位图素材

第4步：在软件界面左侧"属性"编辑器中，输入图像的"类型"选择自动，如图5-28所示。

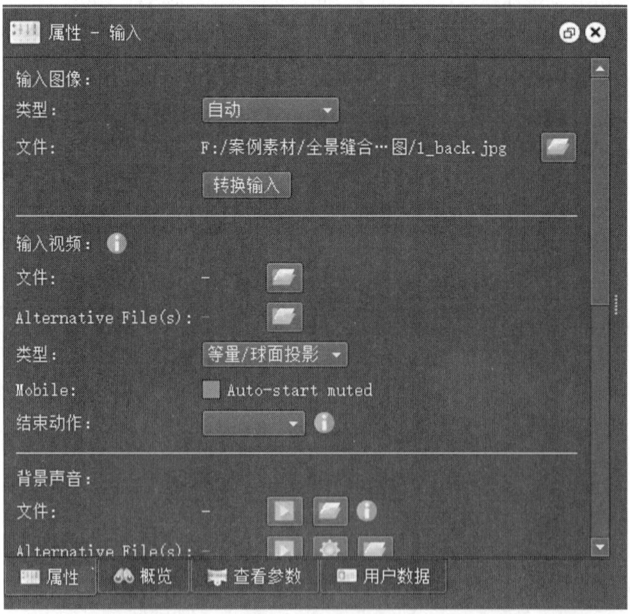

图5-28　设置输入图像的"类型"属性

第5步：查看软件屏幕当中的全景显示器，软件已自动将6张方位图素材拼接缝合成全景图，可拖动鼠标左键全景预览，如图5-29所示。

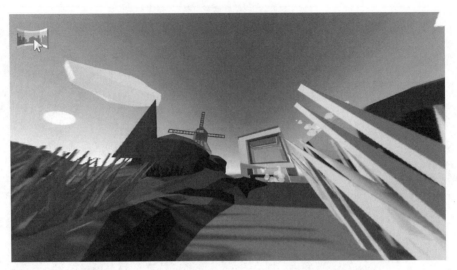

图5-29　使用Pano2VR pro 6.0缝合后的VR全景素材效果图

第6步：软件菜单栏选择"文件＞保存"，打开"保存Pano2VR项目文件"窗口对话框，将文件命名为"VR全景图.p2vr"，选择路径单击保存文件，如图5-30所示。

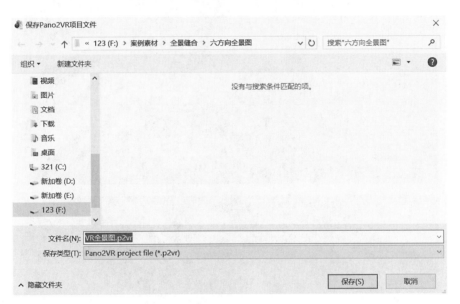

图5-30　保存Pano2VR项目文件

第7步：在软件界面右侧激活"输出"编辑器，单击"输出类型选择"按钮，选择输出类型为html文件，如图5-31所示。

第8步：鼠标单击"Generate Output"按钮生成输出文件，再用鼠标单击"打开输出"按钮，打开输出文件为一网页文件，拖动鼠标查看全景图效果，如图5-32所示。

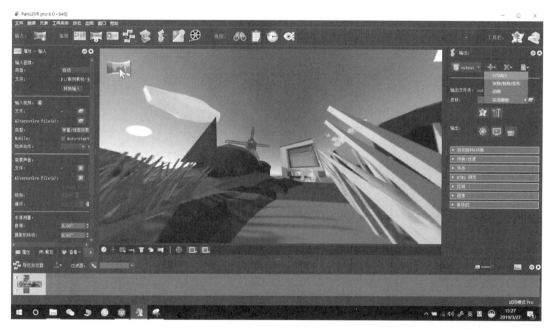

图5-31 "输出类型选择"设置

图5-32　生成网页文件VR全景效果展示

参 考 文 献

［1］ 郭巍.虚拟现实技术特性及应用前景［J］.信息与电脑：理论版，2010（5）：29–29.

［2］ 王怡，吴霁乐，余佩融.虚拟现实艺术中视听语言的应用分析［J］.当代电影，2014（9）：186–189.

［3］ 冯宗泽.虚与实的光影尝试——浅谈虚拟现实电影的观赏特性［J］.当代电影，2016（12）：130–134.

［4］ 李晋林.VR电影叙事面临的挑战与变革［J］.现代电影技术，2018（12）：4–7.

［5］ 何友鸣，宋洁.虚拟现实技术及其在教育中的应用初探［J］.现代职业教育研究，2011（3）：47–51.

［6］ 尹宝莹.虚拟现实技术在公共设施设计中的应用［J］.包装工程，2019，40（16）：271–274.

［7］ 白育炜，丁妮，周雯.浅析虚拟交互体验类游戏的场景设计——以VR游戏《Top Floor》为例［J］.现代电影技术，2019（6）：45–49.

［8］ 戴帅凡，田丰.虚拟现实影视渲染优化技术现状概述［J］.现代电影技术，2018（4）：26–29.

［9］ 黄石.虚拟现实电影的镜头与视觉引导［J］.当代电影，2016（12）：121–123.

［10］ 黄金栋，吴学会，李小红，常振云.虚拟现实技术在计算机专业教学中的应用思考［J］.职业教育研究，2011（3）：174–175.

［11］ 蒋庆全.国外VR技术发展综述［J］.飞航导弹，2002（1）：27–34.

［12］ 张强.空间再造：VR电影的跨媒介实践［J］.当代电影，2018（8）.

［13］ 刘书亮，刘昕宇.虚拟现实语境下电影与数字游戏的美学变革［J］.当代电影，2016（12）：134–138，共5页.

［14］ 芦娟.虚拟现实系统的分类［J］.企业导报，2011（4）：277.

［15］ 王峥，王晨，李娜.试析虚拟现实系统影像的特征［J］.现代电影技术，2007（9）：27–31.

［16］ 何伟.“沉浸式&交互”技术在电影应用中的探索［J］.现代电影技术，2018（10）：53-57+35.

［17］ 潘治.虚拟现实技术的影视应用前瞻 ——新华网虚拟现实研发实践和前景初探［J］.传媒，2017（14）：59-61.

［18］ 张婷婷，田丰，吕炜，王轶华，黄超.VR在交互影视与游戏领域的应用综述［J］.上海大学学报（自然科学版），2017，23（03）：342-352.

［19］ 百度百科.全景摄影［Z/OL］.［2020-04-15］.https://baike.baidu.com/item/VR%E6%91%84%E5%BD%B1/5750893.

［20］ 编玩边学.你知道VR视频是怎么拍的吗［Z/OL］.（2017-08-15）［2020-04-15］.https://www.sohu.com/a/164733132_99926812.

［21］ VR陀螺.谈谈VR影视制作的拍摄技巧［Z/OL］.（2018-10-18）［2020-04-15］.https://baijiahao.baidu.com/s?id=1616649539007181499&wfr=spider&for=pc.

［22］ 博航教育.讲讲实用的VR影视拍摄技巧和心得［Z/OL］.（2019-08-28）［2020-04-15］.https://wenku.baidu.com/view/9ec1e3c6e55c3b3567ec102de2bd960591c6d96b.html.

［23］ 槟果文化传媒.干货VR影视制作的拍摄技巧［Z/OL］.（2019-02-27）［2020-04-15］.http：//dy.163.com/v2/article/detail/E91N1JHH0518QA9R.html.

［24］ 钟舒婷.NextVR 发布世界上首款 VR 3D 数字电影摄影机系统［Z/OL］.（2014-09-12）［2020-04-15］.http：//www.ifanr.com/news/451982.

［25］ 百度百科.三星Gear 360［Z/OL］.（2016-02）［2020-04-15］.https://baike.baidu.com/item/%E4%B8%89%E6%98%9FGear%20360/19406789.

［26］ 佳和.GoPro展示新款VR摄像机，安装6个摄像头［Z/OL］.（2016-04-13）［2020-04-15］.https://www.hdavchina.com/show.php?contentid=31615.

［27］ 周士诚.［VR］OZO及OZO配套系列软件使用教程［Z/OL］.（2017-04-27）［2020-04-15］.http：//www.vfxnews.net/news/news-show.php?id=367.

［28］ 袁奕荣.电视摄像与高清摄像技术［M］.上海：上海大学出版社，2009.

［29］ 翁晴霄.2018版Premiere新字幕功能探索——After Effects创建的动态字幕模板在Premiere中的使用［J］.影视制作，2019，25（8）：61-67.

［30］ 大众脸.Pr CC 2018 软件新功能介绍教程［Z/OL］.（2017-10-23）［2020-04-15］.http：//www.lookae.com/pr2018new/.

［31］ Adobe.Premiere Pro 系统要求［Z/OL］.（2017-10）［2020-04-15］.https://helpx.

adobe.com/cn/premiere-pro/system-requirements.html.

［32］百度百科. Adobe After Effects［Z/OL］. (2019－01－12)［2020－04－15］. https://
baike.baidu.com/item/Adobe%20After%20Effects/5452364?fromtitle=ae&
fromid=1368576.

［33］Adobe. After Effect系统要求［Z/OL］. (2019－04－03)［2020－04－15］. https://
helpx.adobe.com/cn/after-effects/system-requirements.html#%E7%B3%BB%E7%BB%
9F%E8%A6%81%E6%B1%82AfterEffectsCC2017%E5%B9%B410%E6%9C%88%
E7%89%88150.